温暖化対策の
危険な
「最終手段」

気候を操作する

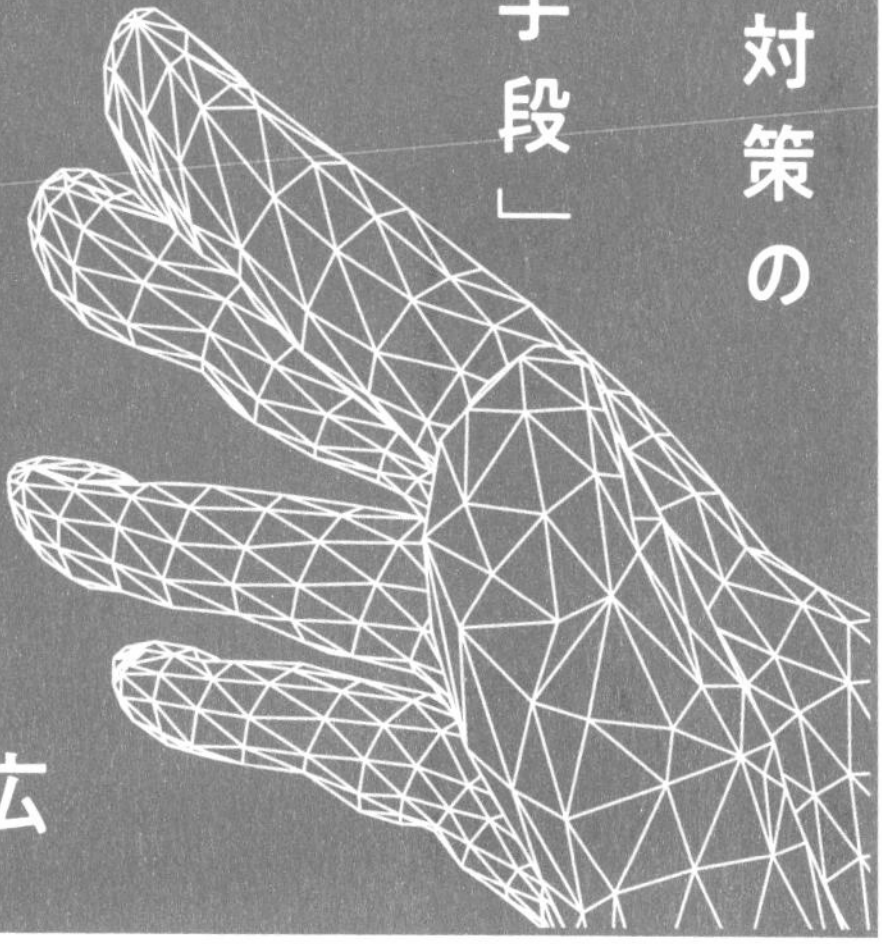

杉山昌広
Masahiro Sugiyama

CONTROLLING THE CLIMATE
THE RISKY, LAST RESORT OF GLOBAL WARMING COUNTERMEASURES

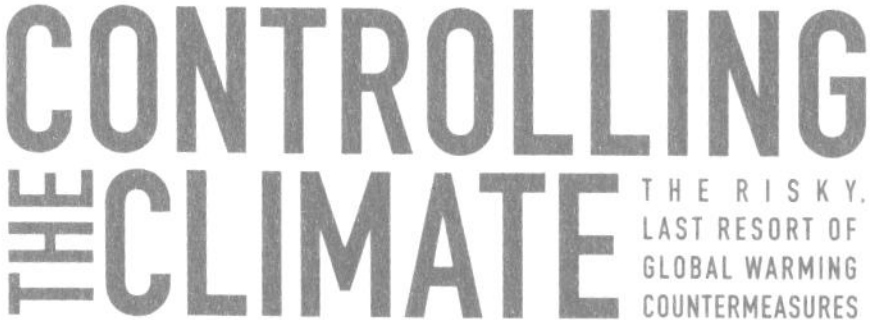

KADOKAWA

CONTROLLING THE CLIMATE

THE RISKY, LAST RESORT OF GLOBAL WARMING COUNTERMEASURES

気候を操作する

目次

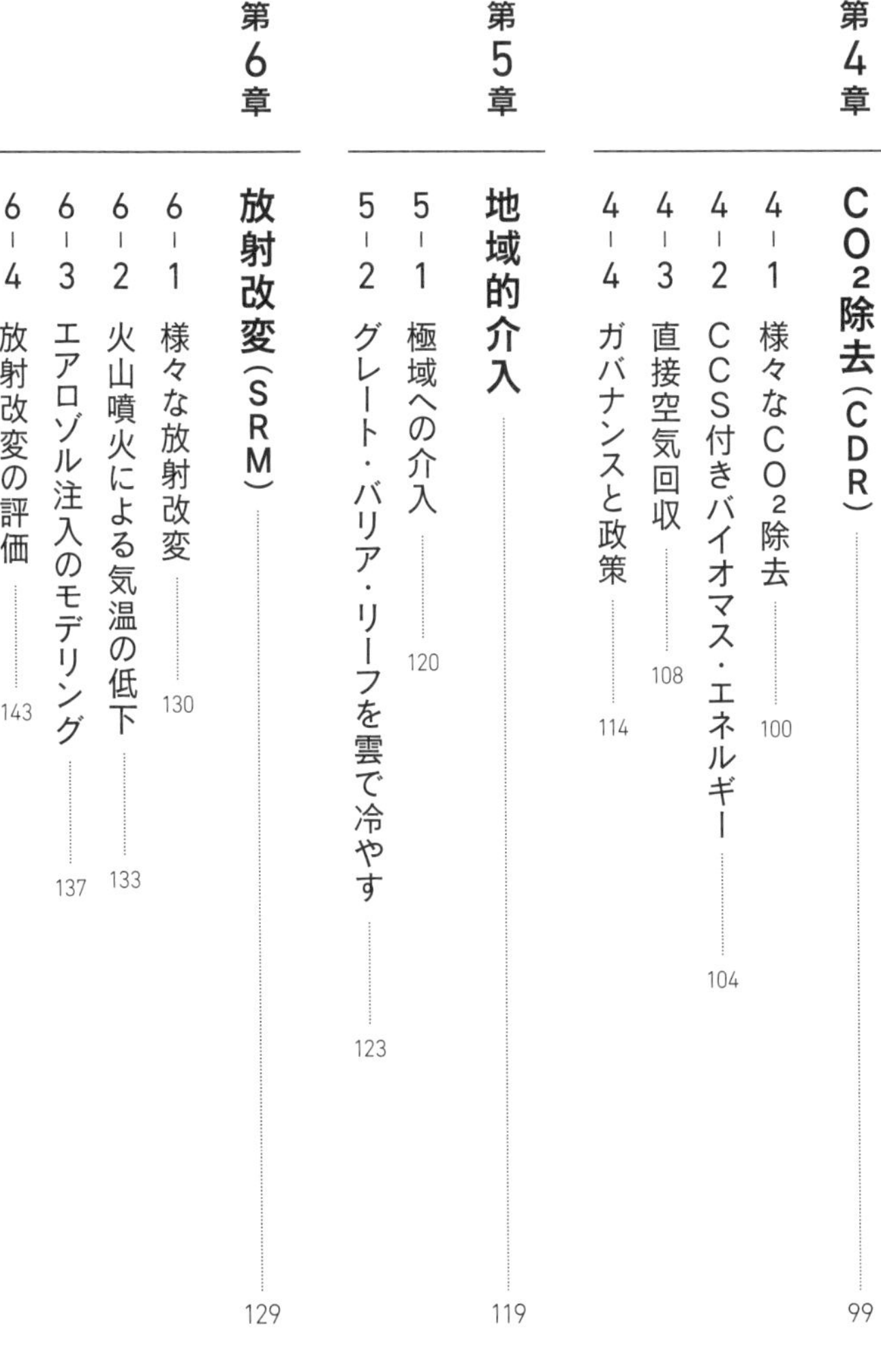

装丁：長谷川じん（コマンド・ジー・デザイン）
図表作成：小林美和子

はじめに

変わりつつある天気

天気が変です。そう思っている人は多いかもしれません。2019年には9月に台風15号、10月に台風19号が日本を襲い広範な被害をもたらしました。台風15号は千葉市で最大瞬間風速57・5メートル毎秒を記録し、約93万戸に停電が起こりました[1]。台風19号は長野から東北まで大変広域にわたって甚大な被害を及ぼし、箱根では総雨量が1000ミリを超えました。2020年7月には各地で豪雨が発生し、九州の球磨川などの氾濫は記憶にも新しいところです[2]。気温についても2018年の夏は猛暑が続き、7月23日に埼玉県熊谷市で日本の歴代最高気温が更新された[3]のを覚えている方もいるでしょう。2020年8月17日には静岡県浜松市で気温が41・1℃まで上がり、熊谷市の記録に並びました。

天気が変なのは日本に限られたことではありません。2019年から2020年にかけて、オーストラリアでは森林火災が頻発し、コアラやカンガルーなどの被害をテレビで目にした方は大変多いでしょう。アメリカでも、カリフォルニア州など西部での森林火災が毎年のようにおきています。これに加えて極寒のロシア・シベリアで同年6月20日に気温が38℃に達し、アメリカ・カリフォルニア州デス・バレーでも8月16日の54・4℃が1931年以来の最高値として記録されるなど、まさに気候は変化しつつあります。

そう、地球温暖化は起きているのです。そして、地球温暖化によって災害はひどくなってきています。もっとも、自然科学では100％原因を断定することはできません。だから「豪雨や気温上昇が絶対地球温暖化のせいだ」というように言い切ることはできません。しかし、科学の進歩でその確からしさは強まってきているのは事実です（詳しくは第1章で説明します）。

こうした科学の進展を受け、世界のリーダーも気候変動への危機感を高めています。毎年世界的なリスクについてまとめて報告する、世界経済フォーラム（ダボス会議）の2020年1月の報告書では、起こる可能性の高いトップ5のリスクは環境に関連するものでした。また、筆頭に挙げられているのは、気候変動に関連する異常気象（extreme weather）でした。コロナ禍で出された2021年版の報告書でも、感染症が注目を浴びたものの、気候変動関連のリスクは上位に並びました。

強化される地球温暖化対策

科学のメッセージが強くなる中、世界は様々な取り組みを加速しています。特に象徴的なのは若者の運動です。スウェーデンの若者であるグレタ・トゥーンベリ氏が、2018年の8月にストックホルムの国会議事堂前に座り込んで始めた学校ストライキ運動は、世界的に広がっていきました。国連の気候サミットの前に開かれた2019年9月の気候ストライキでは、世界で合計400万人がデモに加わり、地球温暖化対策の強化を叫びました。

ビジネスでも大きな変化が見えます。金融界や製造業界などを中心に様々な動きが見られますが、特に目を引くのは、ビジネスで使うエネルギーを100%再生可能エネルギーに切り替える「RE100」という動きです。これは「再生可能エネルギー100%」の英語、"Renewable Energy 100%"の頭文字から略称ができています。当初、この運動は欧米中心でしたが、日本でも動きは加速しており、リコーや積水ハウス、アスクルなど大手の会社もどんどん参加してきています。[4] 太陽光発電、風力発電などの再生可能エネルギーは（製造や廃棄段階でのCO_2排出を除けば）CO_2を出さないので、地球温暖化対策に大きく貢献することになります（製造・廃棄段階の対策も進みつつあります）。

取り組んでいるのは企業だけではありません。2019年12月、小池百合子東京都知事は「ゼロエミッション東京戦略」を打ち出しました。この戦略では、2050年にCO_2実質排出量ゼロを目指しています。[5] 菅義偉内閣総理大臣も、2020年10月26日の所信表明演説にて、日本政府として2050年の温室効果ガス正味ゼロ排出の目標を示し、脱炭素社会への方向性を打ち出しました。[6]

国連のギャップ報告書が示す冷酷な現実

こうした対策が進んでいるのは素晴らしいことで、地球温暖化について研究してきたものとして一筋の光を見出(みいだ)します。しかし、科学は冷徹で、厳しい現実を突きつけます。残念なことに、気候や地球システムの科学は、こうした取り組みを全て積み上げても、気候変動の影響を抑えるためには対策が十分なスピードで進んでいないという事実を示しています。

地球温暖化は温室効果ガスの排出によって引き起こされますが、その中でも重要な二酸化炭素（CO_2）は主に人類が産業活動で使う化石燃料を燃やすことや森林減少などによって排出されます。電気を作るために石炭を燃やし、車を走らせるためにガソリンを燃やし、料理をするために都市ガスを燃やせば、CO_2が大気に排出されます。地球温暖化を止めるためには、少なくとも主要な温室効果ガスであるCO_2の排出量を、現在の約４００億トンからゼロにしなければなりません。さらに、過去のCO_2排出量を帳消しにするのであれば、大気からCO_2を回収する必要性すらあります。しかしながら、世界のCO_2排出量はゼロに向けて減る気配をまったく見せません。２０２０年は新型コロナウイルスの感染拡大により世界経済は縮小する見込みで、日本も大幅な経済的損失を被っています。しかし、国際エネルギー機関（ＩＥＡ）の推定によれば、世界のCO_2排出量減少は８％に留(とど)まります。

このような状況を踏まえて科学者がCO_2の排出量をゼロにする必要性を語り出したのは、何も最近のことではありません。国連環境計画（ＵＮＥＰ）は、２０１０年から毎年秋口に排出削減の不足を訴える報告書を出しています。世界の各国は２０１５年に地球温暖化対策の国際枠組であるパリ協定を採択し、地球温暖化対策の目標として気温上昇を産業革命前に比べて２℃より十分低い水準に抑え、１・５℃を目指して努力することに合意しています。この国際合意と各国政府の取り組みを比較すると、100億トン規模での削減不足量（ギャップ）が示されています。しかし思ったように削減が進んでいないので、毎年必要な削減量がどんどん増えています。2020年3月に出た国際科学誌『ネイチャー』の論考では、過去10年の対策不足で、削減不足量は4倍にまで膨れ上がったと指摘しています。[7]

グレタ・トゥーンベリ氏は、2019年の国連の気候行動サミットで、怒りを込めたスピーチをしました。世界の指導者たちに、あなたがたは対策を取っていないという強い批判を届けたのです。各国政府が何らかの対策を取っていることは事実ですが、科学的には全く十分ではなく、結局のところCO_2の大幅削減は進まない。彼女の怒りはこうしたところから来ているのです。

CO_2を大気から取り除く必要性

焦っているのは環境運動家たちだけではありません。一部の科学者は、極端な温暖化対策についても必要性を感じ出してきています。それは、「大気から直接CO_2を回収する技術」と「直接、気候を冷却する技術」です。地球温暖化のコミュニティーの外ではあまり知られていないことですが、これらの技術に関しては、自然科学的な研究も進み、ガバナンスの議論も始まりつつあります。これが本書で取り上げる「気候工学」と呼ばれるものの一例です。意図的に大規模な介入をして、気候を変えるという技術です。これほど大げさなことをしないと、地球温暖化のリスクを回避することはできないという認識がその裏にあります。

大気からCO_2を回収する技術は、すでに科学者の間では広く認められるようになってきています。CO_2回収除去（Carbon Dioxide Removal, CDR）と呼ばれるもので、その名の通りCO_2を大気から回収し、除去していく技術です。CO_2除去の技術の一つには、マイクロソフト創業者でアメリカの資産家であるビル・ゲイツ氏もお金を投入し、世界で多くのスタートアップ企業が育ってきています。魔法のように聞こえるかもしれませんが、欧米では、化学工学的に大気からCO_2を回収するプラントが、実証実験のために既に15機稼動していて[8]、大気からCO_2を回収しています。

直接気候を冷やす放射改変

より極端なのは、気候を直接冷却してしまうというアイデアです。専門的には太陽放射改変[9]（Solar Radiation Modification, SRM）と呼ばれています。これもサイエンス・フィクションではありません。一番よく知られている方法は、上層大気の成層圏（高度20キロメートル程度）に浮遊状の微粒子（エアロゾル）を注入し、地球を覆う人工的な雲を作ることです。曇っている日は気温が下がることは誰もが知っているでしょう。この方法では、全世界をわずかに曇らせて太陽のエネルギーが入ってくるのを減らすことを試みます。それによって、地球温暖化を相殺しようとするのです。

次の図は複数の対策がどのように組み合わせられるか、イメージを示したものです。仮に世界が地球温暖化対策をしていない場合、2100年に気温上昇は3・5℃程度に達し、それ以降も気温が上昇し続けるとされています。ただ、現実には既に各国がある程度の気候政策を打ち出していますので、2・5℃ぐらいまで抑えられるかもしれません。これに大気から大量のCO₂を回収すれば、2℃を下回ることもできるでしょう。ただ、その場合でも一時的に気温上昇が1・5℃を超えてしまうかもしれません。そこで、最後に登場するのが太陽放射改変です。これにより、人類はパリ協定で合意した1・5℃目標を達成できるのです。

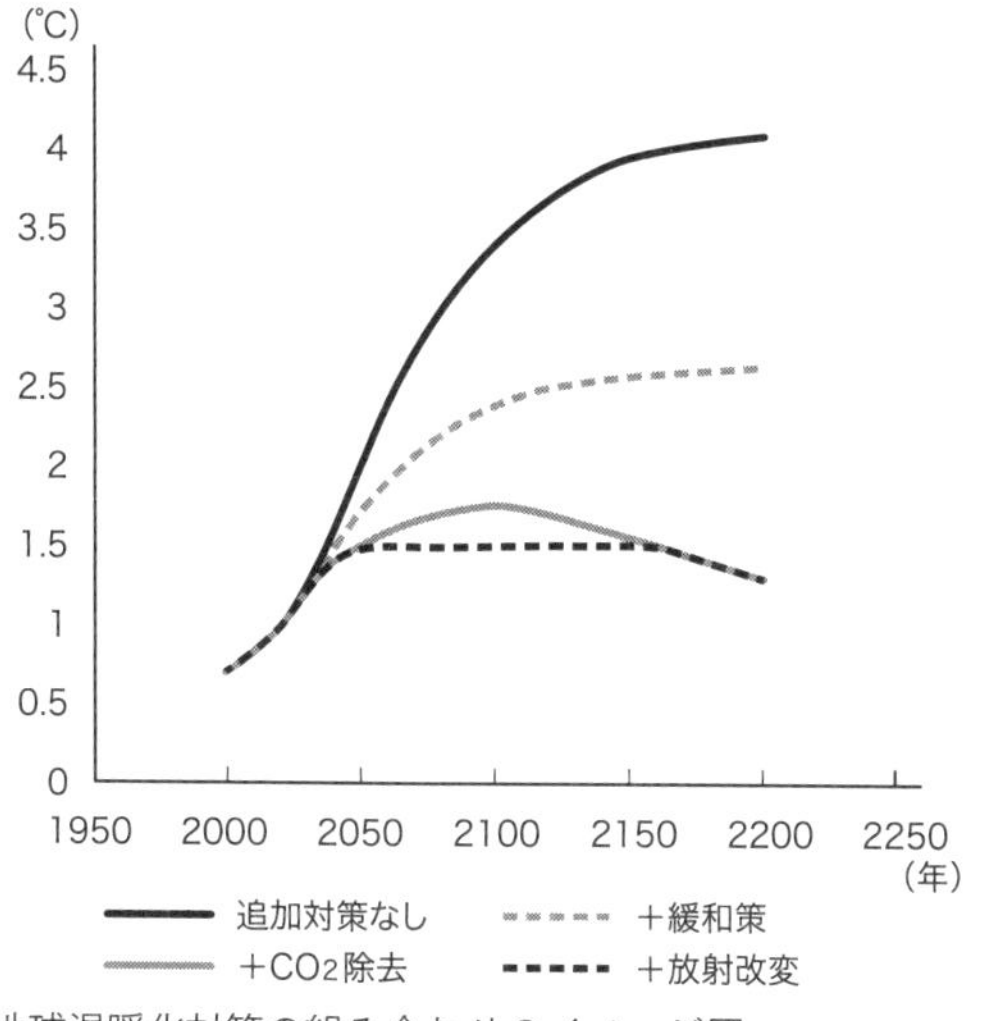

地球温暖化対策の組み合わせのイメージ図

人類が使うことが許される技術なのか

言ってみれば、人類は徐々に気候を直接操作する力を獲得しつつあります。人類史上を通じて、気候や天気は神々が操る領域と考えられてきました。古代より人間の生活は、豊かな実りをもたらす雨や日照に依存してきましたが、いつそれらがもたらされるかは人間の知る範囲ではなく、雨ごいなどの神事の範疇（はんちゅう）でした。もっとも、近代以降状況は変わり、現代では気象学・地球科学・気候科学の進展によって、天気予報は非常に精度が高まってきています。しかしながら、これはすべて予報・予測に関するものです。予測と制御は異なるのです。気候工学は違います。これは人が意図的に地球全体の気候を変えるための技術です。つまり、人間がまるで神のように気候をコントロールするということです。

そもそも、気候工学を使わなくとも、人間は気候システムを改変してきています。CO_2などの温室効果ガスを排出することで、地球全体の気候という巨大なシステムを温めているのです。人類社会は、意図的・非意図的にかかわらず、以前は人間にとって巨大すぎて変化させることができなかった地球を大きく変化させているのです。こうした状況を踏まえて、人間の力が全世界的に及んでいる現在の時代は「人新世（じんしんせい）」（Anthropocene）と学術的に呼ばれます。人新世においては、人類の選択が地球全体へ影響を及ぼすことを自覚する必要性があるのです。

思えば、現代社会は今まで制御できなかったものを、科学技術の進歩によって、どんどん制御できるようになってきています。例えば生物学について言えば、１９９６年に生まれたクローン羊のドリー[10]や、２０１２年に山中伸弥（やまなかしんや）教授がノーベル賞を受賞した人工多能性幹細胞（ｉＰＳ細胞）など[11]、現代のバイオテクノロジーは信じられないほど高度なものになってきています。同じく２０１２年に、エマニュエル・シャルパンティエ博士とジェニファー・ダウドナ博士によって開発され、たった8年で２０２０年にノーベル化学賞の受賞へとつながったゲノム編集技術の一種であるＣＲＩＳＰＲ／Ｃａｓ９は、正確に、なおかつ安価に生命の設計図をいじることすら可能にしてくれました[12]。

当然、こうした先端技術には様々な社会的・経済的・倫理的・法的な問題が生まれてきます。

例えば2018年11月に公表された、中国でゲノム編集されたとされる姉妹のニュースは、全世界を駆け巡り[13]、手術を実施した賀建奎博士に対する多くの批判がなされました。

生命技術だけではありません。情報技術も人々の心を操ることができるようになってきており、日常生活でも私たちは気づかないうちにその影響を受けています。ソーシャル・メディアや検索エンジンは日々の私たちの検索キーワードなどから嗜好を明らかにし、そのうえで表示されるニュースや情報をコントロールします。その結果、私たちは自分が心地よいと思う偏った意見ばかりに接することになり、社会はより分極されることになります。さらに、より直接的なものとしては、頭皮の上から弱い電流を流し脳に働きかけ集中力を上げるという技術も米軍などで研究開発されています[14]。その他、ナノテクノロジーや3Dプリンターなど、人間が制御できる領域はますます増えてきていることは言うまでもありません。

人類が気候を操作する?

気候はどうでしょうか。人間は気候工学によって、全世界の生態系と人間社会の基盤をコントロールできるようになるのでしょうか。少なくとも、原理的にはそのような可能性を秘めた技術であることは間違いありません。

少しこの仮説を延長してみましょう。もし仮に、人間が気候をコントロールできるようになった場合、その技術をめぐって争いがおきることはないのでしょうか。例えばアメリカが世界平和のために気候工学を実施したとしても、ロシアや中国はそれを当然のこととして受け入れるのでしょうか。仮にある世代で合理的に気候工学を利用できたとしても、将来世代のリスクなどを無視して過度に依存することはないのでしょうか。そもそも、利用できると思っていた気候工学に、ハードウェアの問題やソフトウェアのバグによる暴走の可能性はないのでしょうか。

本書では、このように様々なリスクがあるものの、世界的に関心を呼びつつある、「気候工学」という技術、そして気候そのものの未来について考えてみます。

なお、論争的なトピックですので、最初に誤解されやすい点についてきちんと述べておきたいと思います。まず、学会でも倫理的・社会的な観点も含めて侃々諤々議論が続いており、研究者の間でも意見はまちまちです。気候工学の研究を強く訴える意見もあれば[15]、強く反対する意見もあります[16]。それでも、合意点もあります。先ほど、気候工学の例として挙げた太陽放射改変は、他の温暖化対策の代替にはなりません。あくまでも、CO_2などの温室効果ガス排出削減が地球温暖化対策の筆頭です。気候工学を追求することによって、これらがおざなりになってしまったら本末転倒です。これは気候工学の重要性を指摘する学者でも、実に広く共有されている認識だと思います。

また、私の立場も明確にしておきます。CO_2除去については（種類によって大きく違いますが）副作用が小さい技術は研究開発を続け、実施すべきだと考えます。一方、太陽放射改変については研究が重要であると考えていますが、実施については科学的情報が不足していると考えています。この技術が本当に副作用が少なく効果が大きいものなのか、分からないところが多いのです。したがって、まだ意思決定をするのは尚早であると考えています。

未来の考え方

本書にはもう一つの狙いがあります。それは、未来に関する一般的な「考え方」について、部分的ではありますが、学術的な見方を提示したいのです。

著者の所属は少しユニークな名前で「東京大学未来ビジョン研究センター」といいます。ここは、人類社会や地球環境のよりよい未来について、様々な学理を組み合わせ、考えていくことを目指す研究センターで、2019年に設立された新たな研究組織です。センターでは、人工知能やバイオテクノロジー、ナノテクノロジー、新たな安全保障など、様々な課題に取り組んでおり、気候の未来も研究の対象です。

未来ビジョン研究センターの「ビジョン」という言葉だけ着目すると、象牙(ぞうげ)の塔にこもった研究者が、上から目線で日本の未来像を押し付けるように聞こえるかもしれません。しかし、私たちの目的は逆です。これは私の理解になりますが、センターの目的は「市民や社会のステークホルダーが、未来のビジョンを考える際に有用になる知見を提供していき、ときに一緒に考えていく」というものです。(定量的なモデルも活用した)シナリオ分析やシナリオ・プランニング、また未来の検討の限界などについての研究を進め、社会に還元することを目指しています。

気候変動も気候工学も、未来の話だということは既にお分かりだと思います。未来を考えることは一筋縄ではいきません。当たり前ですが、未来というのは人間が頭で考え、心の中で思いを巡らせるものです。ということは、人間の考え方の癖やバイアスに影響を受けます。特に認知心理学などの進展で、人間は未来像を非常に狭くとらえてしまう傾向があることが分かってきています。また、人間の考えが社会を駆動することからも分かるように、未来を考えることそれ自体が私たちの行動や経済活動を変えてしまい、世の中を変えていってしまうという側面もあります。気候工学についても同様で、考える際に様々なバイアスに自覚的であるべきであり、気候工学を考えること自体で社会が悪い方向に進んでしまっては元も子もありません。このように、未来の様々な問題を考えるために必要な学問的なアプローチを、本書で取り上げる気候工学を考えることを通して、読者の皆さんに知ってもらいたい――これも、本書の目的の一つです。

さて、そもそも、なぜ気候工学のような議論が始まっているのでしょうか。そのためには、気候変動のリスクをより詳しく知る必要性があります。次の章ではまず深刻化する気候変動及びその影響について概観します。

1 経済産業省（2020）「『台風』と『電力』～長期停電から考える電力のレジリエンス」『経済産業省資源エネルギー庁ホームページ』 https://www.enecho.meti.go.jp/about/special/johoteikyo/typhoon.html（2020年11月5日アクセス）

2 国土交通省（2020）「令和2年7月豪雨　令和2年（2020年）7月3日～7月31日（速報）」『気象庁ホームページ』

https://www.data.jma.go.jp/obd/stats/data/bosai/report/2020/20200811/20200811.html（2020年11月5日アクセス）

3 国土交通省（2020）「歴代全国ランキング」『気象庁ホームページ』
https://www.data.jma.go.jp/obd/stats/etrn/view/rankall.php（2020年11月5日アクセス）

4 日本気候リーダーズ・パートナーシップ（2020）「RE100・EP100・EV100国際企業イニシアチブについて」『RE100・EP100・EV100／JCLP／日本気候リーダーズ・パートナーシップ』
https://japan-clp.jp/climate/reoh（2020年11月10日アクセス）

5 東京都環境局（2019）「ゼロエミッション東京戦略の策定～気候危機に立ち向かう行動宣言～」『ゼロエミッション東京戦略』
https://www.kankyo.metro.tokyo.lg.jp/policy_others/zeroemission_tokyo/strategy.html（2020年11月10日アクセス）

6 内閣官房内閣広報室（2020）「第二百三回国会における菅内閣総理大臣所信表明演説」『首相官邸ホームページ』
https://www.kantei.go.jp/jp/99_suga/statement/2020/1026shoshinhyomei.html（2020年11月17日アクセス）

7 Höhne, N., den Elzen, M., Rogelj, J., Metz, B., Fransen, T., Kuramochi, T., ... & Schaeffer, M. (2020). Emissions: world has four times the work or one-third of the time. Nature, 579, 25-28.
https://doi.org/10.1038/d41586-020-00571-x

8 IEA. 2020. Direct Air Capture - Analysis - IEA. Tracking report — June 2020. Retrieved on November 10, 2020, from https://www.iea.org/reports/direct-air-capture

9 国際条約 Convention on the Prohibition of Military or Any Other Hostile Use of Environmental

Modification Techniques の日本語訳「環境改変技術敵対的使用禁止条約」に従って、modificationは改変と訳すようにします。

10 BBC. (1999, May 27). Is Dolly old before her time?. BBC News. Retrieved on November 13, 2020, from http://news.bbc.co.uk/2/hi/science/nature/353617.stm

11 Nobel Media AB. (2012, Oct.8). THE NOBEL PRIZE. Retrieved on November 13, 2020, from https://www.nobelprize.org/prizes/medicine/2012/press-release/

12 Nobel Media AB.(2020, Oct.7). THE NOBEL PRIZE. Retrieved on November 13, 2020, from https://www.nobelprize.org/prizes/chemistry/2020/press-release/

13 松岡由希子（2019年12月2日）「中国・遺伝子操作ベビーの誕生から1年、博士は行方不明、双子の健康状態も不明」『ニューズウィーク日本版』
https://www.newsweekjapan.jp/stories/world/2019/12/1-106.php（2020年11月13日アクセス）

14 Hurley.D. (2014, Mar.5). U.S. Military Leads Quest for Futuristic Ways to Boost IQ. Newsweek Magazine. Retrieved on November 13, 2020, from https://www.newsweek.com/2014/03/14/us-military-leads-quest-futuristic-ways-boost-iq-247945.html

15 Keith, D.W. (2013). A case for climate engineering. Boston review book. https://www.worldcat.org/title/case-for-climate-engineering/oclc/1097096504 が代表的です。

16 Hulme, M. (2014). Can science fix climate change? Wiley-Blackwell. https://www.worldcat.org/title/can-science-fix-climate-change/oclc/863683975 がよく知られています。

深刻化する気候変動

1-1 影響をもたらしつつある地球温暖化

約1℃上昇した地球の平均気温

ここ最近は、毎年のように天候による被害が起きています。果たして、そもそもこれは地球温暖化のせいなのでしょうか。国連の地球温暖化の科学機関、気候変動に関する政府間パネル(Intergovernmental Panel on Climate Change, IPCC)によれば、過去1世紀で地球の気温は約1℃上昇しています。[1] しかし、これはあくまでも1年を通した、世界全体の平均です。この世界全体の変化と、日本の気温や気候はどのように関係付けられるのでしょうか。

具体的に2018年の例を考えてみましょう。2018年の日本の夏は暑かったです。東日本では6月~8月の平均気温は、統計が開始された1946年以降、最も高くなりました。[2]「はじめに」で述べたように、局地的にも7月23日に埼玉県の熊谷で41・1℃が記録され、[3] 日本の歴代の最高気温が更新されました。熱中症も多発し、7月の救急搬送数は5万件を超え、熱中症による死亡者数は1000人以上でした。これと同時に、風水害も多発しました。7月には平成30年7月豪雨が発生し、西日本を中心に200人以上の死者が出るなど[4]、甚大な被害が生じました。

温暖化の影響を実験的に確かめる

さて、ここで疑問が出ます。2018年の猛暑は地球温暖化のせいなのでしょうか。気象庁気象研究所、東京大学大気海洋研究所、国立環境研究所の研究チームによって行われた研究によれば、答えはイエスです。日本気象学会の英文誌に掲載されたこの内容をまとめた学術論文のタイトルは強烈です。英語の題名を私なりに日本語に訳せば、「2018年7月の日本の高温イベントは、人為的な地球温暖化がなければ起こりえなかった」となります[5]。

科学では、ある原因によって特定の結果が起こるかどうか確かめることを因果推論といい、理想的には実験で確かめるのが望ましいとされます。例えば、生物学や化学、物理学などでは実験がよく行われます。新型コロナウイルスの治療薬の開発に際して、治験という言葉をニュースで耳にした方も多いと思いますが、これも実験の一つです。古典的な治験では患者を治療群と対照群の2つのグループに分けて、治療群に薬を、対照群に偽薬（プラセボ）を与え、治療の効果の差を実験的に確かめます。また、最近では経済学、経営学、社会学、政治学などの社会科学でも実験が増えています。例えば、インターネットのウェブサイトの見え方をAとBの二通り作って、無作為に抽出した半分の人にAパターン、もう残りの半分にBパターンを見せて、どちらが商品の購買につながるかを調べる、といったようなものです。このような実験は「A／Bテスト」と呼ばれますが、これも実験に基づいて因果推論を行う方法です。最近の科学的根拠に基づく政策形成（Evidence-Based Policy Making, EBPM）の動きも、こうした実験や自然に起きた実験に近い状況を活用する「自然実験」と呼ばれるものを利用することを推奨しています。２０１９年のノーベル経済学賞も、発展途上国の政策評価にこのような実験を応用し発展させたアビジット・バナジー博士とエステール・デュフロ博士、マイケル・クレマー博士に授与されました[6]。

スパコンで仮想地球を作る

さて、気候変動という環境問題はたった一つのかけがえのない地球で起きている現象です。先に挙げたような実験の手法を踏まえると、理想的には１００や１０００個の地球があり、その半分で温室効果ガスを増やし、もう半分に温室効果ガスが増えない状況を見たうえで、２０１８年７月の日本の気温を比較したい。しかしそんなことは不可能です。

ただ、疑似的に、コンピューターの中で仮想の地球（正確にはその表層）を作ることは可能です。大気の流れ（流体力学）、太陽光から入ってくる熱や温室効果ガスが捉(とら)えるエネルギーの流れ（放射伝達や熱力学）、雲の生成過程（微物理）、さらに場合によっては、海流の変化やそれに伴うエネルギーや塩分の移動などを全て数式にします。数式に書くことができれば、後は超高速のスーパーコンピューターで計算できます。計算量は膨大で普通のコンピューターではできませんが、富岳(ふがく)や京(けい)、地球シミュレータといったスーパーコンピューターを使えば、地球の気候が再現できます。最近はコンピューター（計算機）の性能の伸びが著しく、以前であったら科学研究でも１

個の仮想地球を作るので精一杯でしたが、今では１００個といった数を再現することも可能になってきています。

こう聞くと、何とも壮大な話をしているようにも聞こえますが、これは何も日々の生活と遠い話ではありません。例えば、誰もが見る天気予報も、現代では気候のシミュレーションのソフトウェア（気候モデル）の親戚（しんせき）にあたるもの（数値予報モデル）が行っています。このコンピューターの天気予報の結果を一般の人に分かりやすく解説するのが、気象予報士の仕事というわけです。気候モデルは巨大なソフトウェアです。典型的な気候モデルのコンピューターの命令書（コード）を紙に印刷すると、およそ1万8０００頁にもなるといいます。これを走らせて計算させるのも一大事業で、部屋1つほどの大きさのスーパーコンピューターを使って計算する必要性があります。[7] しかも、最近の天気予報では、1個の地球ではなく複数の地球をシミュレーションして、予測の幅を確かめる方向に進んでいます（専門的にアンサンブル予報と呼びます）。

２００個の仮想地球が確かめた猛暑の原因

先ほどの研究の話に戻りましょう。気候変動の影響を調べるためには、まず２００個の仮想的な地球を作り、疑似実験をします（数値実験と専門用語では呼ばれます）。その２００個を１００個ずつに分け、片方ではCO_2を上昇させたり海面水温を上昇させたりして、日本の気候に影響する外部要因を与えていきます。そして、もう片方の１００個については、CO_2を１８５０年という産業革命以前の水準で維持し、海面水温も地球温暖化の影響がない状況に設定します。その上で計算をして、どのような差が出るかを確かめるわけです。なぜわざわざ100個も計算しなければいけないかと言うと、日々の天気や毎年の平均気温は様々なゆらぎ（自然変動）によって、人間社会の振る舞いとは無関係に変化しているからです。いうまでもなく、人間社会がCO_2を大気に大量に排出するようになった1850年以前も、日本には猛暑は来たわけです。もしかしたら、2018年の夏はたまたま暑かったのかもしれません。CO_2を抑えた100個の仮想地球のうち、例えば10個程度で気温が高かったら、2018年は偶然にも運悪く猛暑になったと結論できるでしょう（なお、この100個は100％同じコピーではありません。自然のゆらぎ、つまり自然変動の範囲で微妙に異なる仮想地球を、初期条件などをずらすことによって作っています）。

さて、肝心の研究結果です。研究チームの計算によれば、CO_2を増やした100個の仮想地球のうち、約20個で2018年の猛暑が見つかりました。一方、CO_2を増やさなかった100個の仮想地球では、一つも発見されませんでした。より高度な統計的解析を行ったところ、CO_2が上昇した場合、2018年の猛暑の可能性は約20％と見積もられましたが、CO_2が増えずに産業革命以前の水準と同じ場合、同じことが起きる確率は0・00003％と見積もられました。ゼロがとても多いですが、可能性がほぼ無視できるほど小さいということです。

ここまで、2018年の猛暑の因果推論について述べてきましたが、こうした多数の仮想地球によって、特定の気象現象の原因が地球温暖化であるかどうかを調べる研究分野を、イベント・アトリビューションと呼びます。2011年にオックスフォード大学の研究者によって始められた研究手法で、以降急速に伸びた分野です。[8] 今までは気温について話してきましたが、気温以外でも豪雨など様々な気候の側面について研究が進んできており、様々な点で地球温暖化の影響が明らかになってきました。ちなみに、そもそも地球温暖化の主な原因が人為起源の温室効果ガスかを確かめる研究も、基本的な原理は似たような方法に基づいています。

科学に詳しい人からは、こうした因果推論はコンピューター上の疑似実験に過ぎず、完全に気候モデルに依存していることに問題を感じるかもしれません。たしかに、もし気候モデルが間違っていたら、こうした推論はそもそも崩れるという指摘はあってしかるべきです。しかし、気候モデルは日々世界中の研究チームがモデルの挙動の検証や改善を行ってきており、現代の気候モデルには一定の信頼がおけるというのが私の意見です。

1-2　未来の地球温暖化

大きな幅がある将来の気温上昇

ここまでは現在までの地球温暖化を見てきましたが、我々の将来はどうなるのでしょうか。2050年の気温は現在に比べてどれほど上がるのでしょうか。2100年は、また2150年はどうでしょうか。

議論を始めるにあたって、まず不確実性にまつわる誤解を解きほぐすところから始めたいと思います。将来の地球の気温上昇は、非常に不確実性が大きいイベントです。ただ、不確実性が大きいというのは、地球温暖化が起きないということではありません。幅がとても大きいということを意味するのです。

社会には50年・100年先の予想が沢山ありますが、自然に関わることを考えれば、例えばハレー彗星(すいせい)の到来についての天体予測があります。周期76年のハレー彗星が次に太陽系の内側に現われるのは2061年ごろと考えられていますが[9]、これは非常に正確に予測できます。しかし、地球の温暖化の予測は、こうした予測とは異なり、非常に不確実です。この違いは何に起因するのでしょうか。先にも述べたように、地球温暖化のシミュレーションは、天気予報用の数値予報モデルの親戚である気候モデルを使って計算されます。そこで使われるのは理学的な物理や化学、生物学の法則の式です。ちなみに、2100年という長期になると大気だけではなく海洋や生態系、大気や海洋の化学など、様々な天気予報に含まれない要素を考慮しなければいけないところが違います（専門的には気候モデルというと大気・海洋の循環や陸面といった物理的側面に限定したものを指すことが多く、化学や生物学的側面などを加えたものを地球システム・モデルと呼びますが、本書では分かりやすさのために気候モデルという言葉を用います）。

しかし、地球温暖化の原因であるCO_2や温室効果ガスの排出量を決めるのは、あくまで人間活動です。言い換えれば、2050年や2100年までの社会経済の発展のあり方を考慮し仕方について何らかの計算をしなければ、将来の地球温暖化の予測はできません。また、仮に人間システムの振る舞いが分かったとしても、気候システムには複雑性や不確実性が大きく存在するので、自然科学としても難しいのです。気温予測や影響予測に非常に大きな幅が生まれることを不

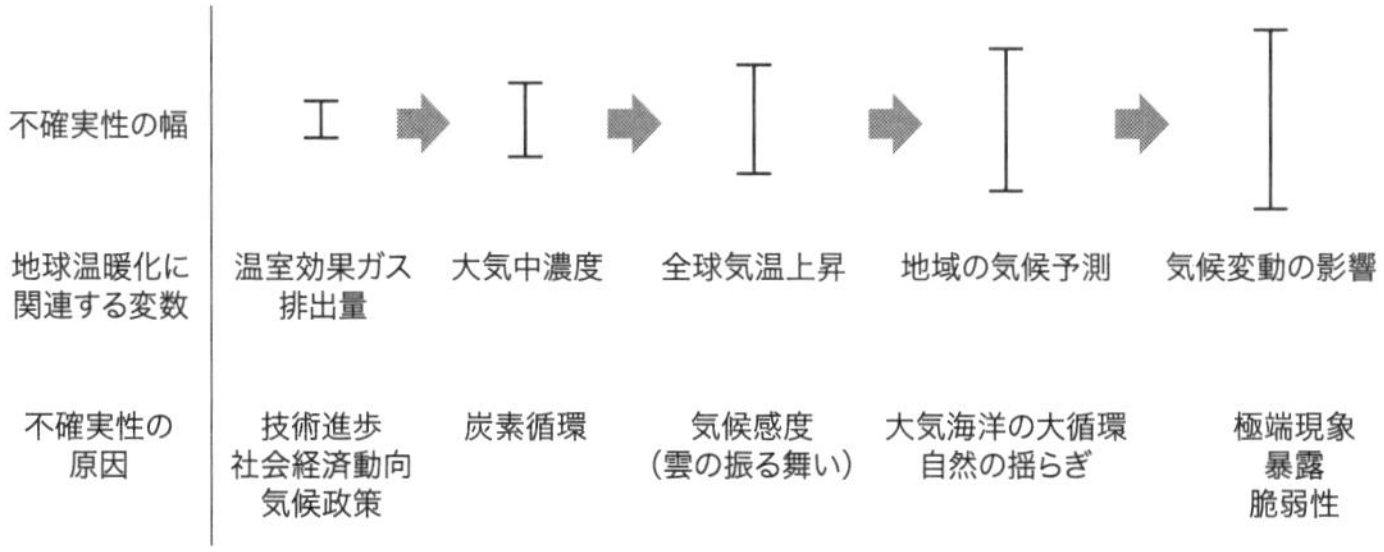

不確実性の幅	I	➡	I	➡	I	➡	I	➡	I
地球温暖化に関連する変数	温室効果ガス排出量		大気中濃度		全球気温上昇		地域の気候予測		気候変動の影響
不確実性の原因	技術進歩 社会経済動向 気候政策		炭素循環		気候感度 (雲の振る舞い)		大気海洋の大循環 自然の揺らぎ		極端現象 暴露 脆弱性

不確実性の「爆発」

確実性の爆発と呼んだ専門家もいます（図参照）。詳しくは後述しますが、残念ながらこの大きな幅を考えても、地球温暖化は悪い方向に進みつつあります。

社会・経済・技術が絡む膨大な不確実性

まず、最初に人間社会の方から細かく検討しましょう。国連の人口推計（２０１９年の中位推計）によれば、２０５０年までに世界人口は97億人を突破するといいます[10]。コロナ禍で一時的に経済は停滞しましたが、いずれワクチンが世界全体に届くようになり、経済活動はもとに戻ってくるでしょう。東南アジア、インドやアフリカでも、人口増加に加えてより豊かな生活を人々が求めることで経済成長が進むと想定されます。人々はより大きな住まいに住み、自動車を保有し、飛行機に乗って海外旅行に行くようになるのでしょう。活発化する経済活動によってより多くのエネルギーが消費され、化石燃料が利用されればＣＯ２排出量が増えていきます。

しかし、よく考えてみれば当たり前のことですが、誰が２０５０年のインドの人口を正確に当てることができるでしょうか。人口はまだしも、経済成長を当てることなんて非常に難しいのではないでしょうか。エネルギー消費量もわからないでしょうし、はたまた毎日のように揺れ動く原油価格は2050年にどうなっているか、また毎年コストが下がっている太陽光発電の2050年の価格など誰も正確には推測できないでしょう。したがって、2050年のCO_2の排出量は予測としては計算できないのです。

シナリオで将来の不確実性を扱う

では、2050年や2100年の気温はどのように計算されているのでしょうか。それは、科学者がある程度正しいと思われる未来像を想定して、その上で、経済成長率や原油価格、太陽光発電や風力発電の価格、電気自動車の価格など様々な仮定を設定するのです。専門的には、こういう未来像は予測ではなくシナリオと呼ばれます。より正確にはエネルギー・シナリオや（温室効果ガスの）排出シナリオと言います。

シナリオという考え方は、特にエネルギー業界で有名です。というのも、1970年代にシェルがこの概念を用いて企業戦略を考え、1973年の石油危機後、セブン・シスターズと呼ばれた石油メジャーの中で他の会社を抜いて勝者となったというエピソードがあるからです[11]。シェルでなくともエネルギーについて予測するのが難しいのは分かりますし、現在では日常的にエネルギー分野ではシナリオ分析がなされています。繰り返しますが、シナリオは予測ではありません。何のためにシナリオを分析するかといえば、未来社会の変化の幅を理解するためなのです。そのため、シナリオは最も確からしい一つを作って検討するのは意味がありません。常に複数の未来シナリオを考え、その幅の中での政策のあり方やビジネスの経営を検討していくことが重要なのです。

地球温暖化の研究においてシナリオ研究は非常に重要な役割を果たし、長年にわたって研究が進められています。２０１０年代、ＩＰＣＣに関連する研究者コミュニティーでは、長期の地球温暖化のシナリオとして共通社会経済経路（Shared Socioeconomic Pathways, SSPs）というものを開発しました。[12]その中では、２１００年までの社会像について整合的な５つの未来社会像を描いています。この未来社会像には各国の人口や経済成長率、原油価格などのエネルギー価格、また太陽光発電や原子力発電といったエネルギー技術のコストなどが含まれます。この５つはそれぞれ略称のＳＳＰと数字の組み合わせでＳＳＰ１〜ＳＳＰ５と呼ばれます。ここで一点注意が必要ですが、共通社会経済経路は、基本的には何も地球温暖化対策が実施されていないという前提で描かれています。地球温暖化対策が行われる場合については、更に地球温暖化対策を上乗せして計算することになります。

ＳＳＰの５つの社会像について簡単に説明すると、ＳＳＰ１は持続可能な社会、ＳＳＰ２は中庸な社会、ＳＳＰ３は地域的な分断・競合が起きる社会、ＳＳＰ４は先進国や途上国、また先進国内や途上国内での不平等が広がる社会、最後のＳＳＰ５は化石燃料に基づいた経済成長が続くという社会像、となります。これらは定性的な叙述文（世界観の説明のための短めなストーリー）及び定量的なコンピューターのモデルによって分析されています。容易に想像がつくことですが、異なるSSPでは人口、経済成長率、原油価格、再生可能エネルギーのコストなどが全て異なります。したがって、地球温暖化についても大きな幅が出ることになります。

これらの5つのSSPを見ることで、非常に幅広く21世紀のCO_2の排出量などを計算できるようになります。それぞれに基づいた計算によると、仮に地球温暖化対策が世界全体で導入されないとした時、最悪の場合は産業革命前と比べた地球の平均の気温上昇は（気候システムの不確実性をいったん棚上げにすれば）5・1℃程度、幸運であれば3℃程度で抑えられるとされます。[13]

すでに述べたように、SSPは地球温暖化対策が取られなかった場合の未来像を描いています。しかしながら、世界はすでに、それなりにではありますが、地球温暖化対策を進めています。努力の度合いは決して十分ではないですが、これらを考慮するとどうなるでしょうか。国連環境計画は毎年、現在の排出量と長期の気温上昇を国際目標（2℃や1・5℃）に抑える場合に必要な排出量目標を比較する「ギャップ報告書」を公開しています。この報告書によれば、現在の政策をそのまま2100年まで延ばしていくと、2100年の気温上昇は約3℃程度になるとされます。

不確実性を伴う気候科学

今まで未来の気温上昇が2℃になる、3℃になるなどと述べてきましたが、これらの数字は自然科学の幅がある中での、中心的な値です。[14]しかし、気候科学には先に述べたように大きな不確実性があります。社会経済とそれに伴う温室効果ガスの排出量を考えるだけで、十分不確実性があるとわかっていただいたと思いますが、それに加えて自然の不確実性も大きいのです。言うなれば、次の日の気温についての天気予報と似たようなものです。明日の気温が28℃と予報されていても30℃になったり、26℃になったりする場合があるでしょう。しかし、大事なのはその幅です。外れるとしても2℃が3℃になるのか、3・5℃、それとも4℃になりうるのかというのが問題なのです。

仮想的に、産業革命前に比べて大気中のCO$_2$濃度が2倍になった場合の（長期的な）気温上昇を考えてみると、かなり大きな幅があるとされます。専門的にはこの数値のことを「平衡気候感度」と呼び、1979年の全米科学アカデミーの報告書で初めて包括的にまとめられました[15]。この報告書は、議長だったマサチューセッツ工科大学のジュール・チャーニー教授の名前をとって、チャーニー報告書と呼ばれています。

この報告書では気候感度を1・5℃から4・5℃と見積もりました。当時からは40年も経っていますが、現在の気候科学でもこの幅はほとんど変わっていません。先ほど現状の政策がそのまま延長されれば3℃程度と指摘しましたが、これは気候感度が3℃程度という中程の値を使った場合になります。仮に気候感度が4℃や4・5℃であった場合は、当然のことながら温度はもっと上昇するのです。

先ほどから気候モデルの話をしていますが、この気候感度も気候モデルによって推定されるものです。気候モデルは、地球全体をメッシュ状に区切ってそれぞれの箱（グリッド・ボックス）について気温や風、圧力等を計算していきます。デジタルカメラや携帯電話の写真や動画のようなものだと思っていただければ分かりやすいかもしれません。ただ、デジタルの写真は2次元＋時間の3次元であるのに対し、コンピューター上の気象や気候は3次元＋時間の4次元になります。

例えば、10年前のスマートフォンで撮った写真は、解像度が低く、どことなく写真が粗かったものです。しかし、現在のスマートフォンのカメラの性能向上は著しく、最近では画素数が1000万画素を超えるものも一般的になってきました。スマートフォンの画面の解像度が上がったことで、非常にきれいな写真が気軽に撮影でき、なおかつそれを後で閲覧することができるようになってきました。これはひとえに、スマートフォンの機能向上と解像度の増加が極めて大きな役割を果たしたということになります。

同様に、コンピューターによる気候のシミュレーションも、解像度が極めて大事になります。現在の気候モデルの解像度は（海洋ではなく）大気側で100キロメートル程度であり、この箱（グリッド・ボックス）ではかなり粗くぼやけてしまうものがたくさんあります。例えば、雲です。雲粒の粒径は数〜十数マイクロメートルであるのに対し、グリッドボックスの大きさはその100億倍にもなります。気候のシミュレーションでは雲粒一つ一つを表現する必要性はないにしろ、直接雲を表現することが難しいのは想像に難くありません。ではどうするのかというと、近似式とそれを解くアルゴリズムを用いて、雲の振る舞いをモデルの中で表現するのです。専門的な用語ではパラメータ化またはパラメタリゼーションと呼ばれます[16]。これは日本人の研究者が多大な貢献をしてきた研究領域でもあります。

気候モデルには様々なパラメータ化が含まれます。大気と地表面の水やエネルギーのやり取り、太陽光や赤外線の伝達、様々な雲（積乱雲から層雲まで）、乱流など実に多数です。現在のコンピューターの計算スピードに限界があるため仕方がないことなのですが、このパラメータ化が気候モデルに不確実性が生まれてしまう主要な原因の一つです（さらにこれ以外にも初期値といった問題もあります）。つまり、パラメータ化やモデルの解像度の違いによって、将来の気温気候の予測には大きな幅が出てくることになります。

ここまでの説明で、気候感度について、気候モデルだけで研究されている印象を与えてしまったかと思いますが、それ以外にも気候感度の研究の仕方は多数あります。例えば、古気候学と呼ばれる、過去数万年、何百万年、何千万年といった古い時代の気候を明らかにする分野や、過去の気候の統計データを使った推計など様々な方法で研究されています。２０２０年の7月に公表された最新のレビュー論文ではこれらは全て整合的で、その幅は66％信頼区間で２・６～４・１℃とされました[17]。つまり、66％の確率で、気候感度は２・６～４・１℃の範囲に収まるということです。

繰返しになりますが、大きな幅があるということは「地球温暖化の科学はあてにならず、地球温暖化を心配しなくていい」という意味ではありません。仮にそう捉えるのであれば、言葉のあやのように聞こえるかもしれませんが、気候変動は確実に社会的に重要な問題でないと主張しているのと同じです。しかし、気候という全世界の生命や現代文明の基盤が大きく変化しダメージが大きくなる可能性があるのならば、保険のような対策を取るのが望ましいのではないでしょうか。

1-3 地球温暖化の影響

熱波、風水害、海面上昇、……

2018年の熱波は地球温暖化が原因だとして、他にはどのような影響が地球温暖化によって起きるのでしょうか。例えば、熱波の増加といった気温上昇に直接関連する影響をはじめとして、豪雨や干ばつといった降水の変化、台風の強大化、氷河など氷床の融解、海面上昇などが挙げられます。2018年のような猛暑がますます増えることで、熱中症も増えるでしょう。また、気温が上がれば空気中に含まれる水分(蒸気)も増えますから、雨は強くなり豪雨は増えることになります。風水害もより増えるでしょう。また海も温まることで海水は膨張し氷床は融解するため、海面は上昇することになります。東京では防潮堤などの工事が必要になるでしょうし、太平洋の島国では移住ということを考えなければいけない国も出てくるかもしれません。海面の蒸発でエネルギーを得ている台風は最大風速が増加し、降水量も増えるでしょう。毎年のように風水害を経験している日本人としては、今後これが悪化するということを聞くとうんざりするかもしれませんが、このようなことが(少なくとも長期的に)増えるというのは、ほぼ確実といっていいでしょう。

生態系も大きく被害を受けることになります。気温が変化するということは、生物が住むのに適した場所が、北極または南極の方向に移動していくということになります。気温が上がりすぎて（十分な速さで）移動できない生物や生態系は被害を受けます。例えばサンゴ礁は白化現象（サンゴに共生する褐虫藻（かっちゅうそう）が高温で減ってしまい、白くなること）の被害を受け、多くの場所で死滅してしまう可能性があります。農業も同じです。稲作も同じ種類のコメばかりを作付けしていては、品質が低下するので、高温に強い品種への転換は必須になるでしょう。「新潟はコシヒカリ」といったブランドも意味合いが変化するのかもしれません。２０１４年に話題になったデング熱を覚えている方もいるかと思いますが、このような病気を媒介する蚊が広範囲で生息できるようになり、日本でも新たな病気に悩むことになるかもしれません。[18]

　こうした影響にも、同じく不確実性が伴います。現在までの地球温暖化の影響について少し考えてみます。１－１でスーパーコンピューター上の仮想地球のシミュレーションにより、２０１８年の猛暑は地球温暖化が原因であることを確かめた研究について述べました。しかし、全ての地球温暖化の影響について同程度の検証が行われているかといえば、そうではありません。１００個の仮想地球の例では研究対象が気温でしたが、これが降水となると気温ほど明確に言い切れない場合も見られます。さらに農業や生態系への影響となると、そもそもモデルの不確実性が大きく、疑似実験的に確かめられていないものもあるのです。

不確実だからこそ対策が必要

そもそも、不確実性は直感に逆らう概念です。行動経済学の先駆者で２００２年にノーベル経済学賞を受賞したダニエル・カーネマン博士が繰り返し説明しているように、人間は不確実性について合理的に考えるのが（トレーニングを受けた人が繰り返し対処するような場合を除いて）往々にして苦手なのです。地球温暖化が不確実だからといって、必ずしも確実に地球温暖化対策を弱める理由にはなりません。逆に、不確実だからこそ対策を強化する必要性がある場合もあります。「想定外」の被害が、まさに不確実だからこそ対策を強化する理由の一つです。２０１１年3月11日の東日本大震災と福島第一原子力発電所事故の後、何度となく「想定外」という言葉が使われました[19]。実際のところ、科学や歴史を踏まえるとこのような津波や地震は起こりえたわけですが、「想定外」として対策が取られなかったのです。「想定外」と思われるようなことについても（合理的な）対策が必要であり、「想定外」は避けるべきであるということ――それが３・11の教訓ではないでしょうか。

気候感度や今まで説明してきた地球温暖化の影響は、確率を用いて定量化できますが、世の中には定量化できない不確実性もあります。２００1年9月11日に起きたアメリカのテロ（9・11）以降、アメリカはアフガニスタン及びイラクに侵攻しました。その時の国防長官はドナルド・ラムズフェルド氏です。彼は２００2年のインタビューの際に、非常に有名な言葉を残しています。それは“unknown unknowns”（知らないということすら知らないこと）です[20]。これは「不確実だと分かっていること」（“known unknowns”）と対比して使われた言葉です。「イラクが大量破壊兵器をテロリストに提供しようとしているかどうか」についてメディアから問われた際に、彼はこのように答えたのでした。実は気候システムにも、現在の科学では確率で定量化できない甚大な影響があり、こうした「想定外」も考える必要があります。

ここで予測の「幅」が意味を持ちます。前節では地球全体の振る舞いの「幅」を強調してきましたが、全世界で気温が３℃上昇したとしてもその上昇には地域的に違いがあり、しかも影響を評価する科学においてもまた、不確実性が入り込みます。予測の幅はどんどん大きくなってしまい、定量的に確率を評価することは困難になります。このように「幅」が大きい場合、その上限（またはそれに近いところ）を積極的にリスク管理として扱うことが３・11の教訓でしょう。

弱者を襲う地球温暖化

また、「想定外」が人によって大きく違うということも、非常に重要です。人々が受ける影響は住む場所や状況などによって大きく異なるのです。地球温暖化の被害と聞くと、日本人も世界中の人も同じように似たような被害を受けるという印象を持つ方もいるかもしれません。これは間違いです。新型コロナウイルスを例に取ると、先進国では公衆衛生や医療システムが発達しており、新型コロナウイルスに感染したとしても（病院の病床に余裕があり、貧しい人でなければ）病院に行って人工呼吸器を使った手厚い医療を受けることができます。しかしながら、そもそも内戦状態の地域や、難民キャンプのような場所では、まともな医療を受けること自体が通常時でも不可能です。ましてや、新型コロナウイルスのような未曾有（みぞう）の事態には、全く対応ができません。

地球温暖化の対策も同様です。熱中症について考えてみれば、日本のような先進国では（貧しい人や屋外での労働をせざるをえない人を除けば）外での活動を減らしたり、エアコンの効いた屋内にとどまったりすれば熱中症は抑えられます。しかし、これは電気も満足に使うことのできない難民キャンプでは全く別の話です。今後、地球全体の気温上昇によって熱波が貧しい人を襲うとき、熱中症で亡くなる人の数も増えていくでしょう。新型コロナウイルスもそうですが、地球温暖化も貧しい人や社会的弱者（一般的には高齢者、障害者、子供や女性など）に対してより大きな影響を与えるのです。

「想定外」の影響の例として、海面上昇を考えてみます。21世紀末の海面上昇は様々な理由で起こります。最も影響が大きいと考えられるのは、温度が上昇することによって海水が膨張する熱膨張です。これに加えて、高山の氷河の融解やグリーンランドや南極といった氷床の融解が海面上昇に拍車をかけます（北極は海に浮かんでいる海氷で構成されているため、コップに浮いた氷が溶けても水の量が増えないのと同じように、北極海の氷が溶けても海面上昇には影響しないので注意してください）。特に、南極氷床の崩壊は急速に海面が上昇すると考えられています。

具体的に、2019年に公表されたIPCCの報告書「海洋・雪氷圏特別報告書」によれば、SSP5（化石燃料に基づいた経済成長が続く）に相当するようなシナリオの場合、2081年〜2100年の気温上昇は様々な計算の平均で4・3℃で、3・2〜5・4℃の幅が提示されています[21]。海面上昇は、2081年から2100年で、84センチメートル（平均）、幅で0・61〜

１・10メートルとされます。地球温暖化対策が行われない場合、２３００年には２・３〜５・４メートルもの海面上昇が起こると示されています。１メートルぐらいでも大きな被害は出ますが、この程度であれば、少なくとも先進国のお金のある都市は、防潮堤を高くして対応できるかもしれません。しかし、５メートルともなると、その被害は甚大になることは簡単に想像できます。もちろん、海面上昇が起こるには２３００年までと時間があるので、移住したり、インフラを作り替えたりなど、対策も不可能ではないですが、これはどんどん困難になっていきます。この間、対策を取れない社会的弱者は、非常に厳しい状況に置かれます。また影響は未来に起きるので、現在の人類に声を上げられない未来の弱者が影響を受けることも付け加えておきます。地球温暖化は大きな世代間の倫理的問題を突きつけるのです。

問題はこうした海面上昇がもっと速いスピードで起こるかどうかです。南極を見れば様々な可能性があります。約２メートルの厚さの海氷で覆われている北極と違い、南極は大陸の上に数千メートルの氷が乗っています。南極大陸の上に積もった雪は氷になり、氷河になり、流れ落ちて、やがて海に戻ってきます。南極の周辺では氷河が海に突出しているところがあり、時々そこが崩れて氷山となり、海に流れ出ることがあります。２００２年に大規模に崩壊したラーセンＢ棚氷については覚えていらっしゃる方もいるでしょう。

南極の氷床の端は少し詳しい説明が必要になります。氷床が大陸の上に乗っていると書きましたが、これは場所によって違いがあります。海の近くでは氷がはみ出していて、氷の下は陸ではなく海底になっているところもあります。氷はさらにはみだし、海面辺りで突き出したような形になっています。これを棚氷といいます。この棚氷は地球温暖化の影響を受けやすく、融解・崩壊する可能性があります。棚氷が融解することによって、その後ろにある氷河も縮小する可能性があり、これにより急激に海面が上昇するかもしれません。

最近の研究で一部の科学者は警戒感を強めています。イギリスのエクセター大学のティム・レントン教授らは、2019年に国際科学誌『ネイチャー』において、「想定外」の地球温暖化の危機について訴える論文を発表しました。[22] この論文で特に注目されたのが南極氷床の融解です。IPCCの過去の報告書を振り返り、2001年から2018年までどのように専門家の南極氷床融解リスクが変化したかを調べました。新たな観測データやコンピューターや理論の進歩など、研究は着実に進んでおり、これに伴って専門家の意見も変わっているはずです。

リスク評価の時間的な変遷を見ると、2001年では多くの専門家が、2℃の地球温暖化では南極氷床の融解といった気候のティッピング・ポイントはほとんどないとしました。しかし、2009年では一歩進んで中庸と評価し、2014年ではさらにリスク認識は高い方に近付きました。この傾向は2018年の報告書でも続いています。

これはショッキングな現実です。いうまでもなく南極は厳しい環境です。南極にある日本の昭和基地で日が昇らない極夜が年間45日ほどあり、[23] 南極の真冬の最低気温はマイナス30℃~40℃になるほどです。つまり、どれだけ衛星観測や機械での観測が進むようになっても、データを収集するのは非常に厳しい環境で、その研究の進み方はどうしてもゆっくりにならざるを得ません。

しかし、それでも17年の間にリスク認識は大幅に深まりました。先ほどのIPCCの海面上昇シナリオより早いタイミングで南極氷床の融解が進む可能性は否定できないのです。太平洋の島国だけでなく、先進国もうかうかしていられないのです。

1-4 気候変動に関する誤解

不確実な気候変動と保険

ここまで、気候変動の度合い、影響とその幅（不確実性）について述べてきました。しかし、地球温暖化は社会的に関心を集める問題なので、それに対する意見は百家争鳴です。ただ、自然科学の範囲では合意が得られてきた領域も大きいので、その点について簡単にまとめてみます。

よく巷（ちまた）で地球温暖化の不確実性についての議論があります。例えば、「地球温暖化が人為的な理由で起きているか分からない」「起きていたとしてもその影響が悪いか分からない」「だから積極的に地球温暖化対策を取る必要性がない」といった意見が見られます。

しかし、よく検討すると、こうした意見は地球温暖化についての不確実性を言っているわけではないのです。不確実性があるから何も対策を取らないことを正当化するのは、かなり難しいことです。不確実性を強調する人は、言葉のあやと言うか修辞法と言うべきかは別として、結局主張したいことは、「確実に地球温暖化対策は不要、もしくは弱めるべきなのは確実だ」ということです。しかし、もっとロジカルに考えれば、「地球温暖化自体が不確実ならば温暖化対策を弱

める べき」という主張自体も不確実性（幅）を伴ったものになるのではないでしょうか。しかし、そのようなニュアンスのある発言はなかなか見られません。

よく考えてみれば、読者の皆さんも不確実なことに対してお金をわざわざ使って対策を取っているのではないでしょうか。マンションや一戸建ての家を所持している人は、普通は火災保険や地震保険に入っているでしょう。あなたの家が火災に遭う可能性や地震によって崩壊する可能性は、決して100％ではないのです。にもかかわらず、なぜわざわざ不確実なことにお金を払ってまで対策するのでしょうか。もちろん、答えは簡単で、その事態が起きてしまってからでは大変なことになるからです。

当たり前というご指摘をいただくと思いますし、それはごもっともです。ただ、地球も同じということです。もしかしたら、地球温暖化の影響はさほど大きくないかもしれません。特に、先進国である日本においては何とかなる可能性もあります。しかし、先進国においても海面上昇の例を見てわかるように被害が大きくなる可能性も、同様にあるのです。その場合、何らかの対策を取るのが普通ではないでしょうか。全く対策を取らないという主張を正当化するのは非常に難しいというのが私のスタンスです。

地球温暖化について「リスクが高い」という（人文・社会科学も含めた）科学者の意見が多く、一方で「そうではない」という意見もある場合、どの専門家の意見を聞くべきなのでしょうか。医学分野を例に挙げると、同じ病気の治療においても複数の医師に聞けば違う意見が出てくる場合があります。そのため、セカンドオピニオンという仕組みが導入され、複数の意見を聞いた上で患者自身が選択できるようになってきています。気候変動でも様々な意見を聞く仕組みができるべきではありますが、この場合は個々人が異なる行動をするのではなく、日本全体、世界全体で方向性を決めていく必要性があります。

　科学は多数決に従うべきではありません。科学の内部では、これからも学会発表や査読付き論文といった通常の手順を踏んで、懐疑論も含めて議論されるべきです（もし査読付き論文が出てこないのであれば、またそれが引用されないのであれば、科学的仮説としては棄却されたとみなすしかないでしょう）。ただ、ここで議論しているのは自然科学に閉じた学問的理解の話ではなく、どの科学をどのようにして政策に用いるべきかという話です。地球温暖化は百年単位の問題であるため、今後科学が変わったときに政策も変えればいいのでしょう。一方で、いまこの瞬間の政策に用いる科学は、多数決に近い形で運用する必要性があるのではないかと、私は思います。

　個人的に疑問に思うのは、気候科学は地球だけのこととして認識され、地球温暖化の政治的問題の文脈だけで批判されるということです。しかし、気候科学と同じ枠組みを使って他の惑星に関する科学も進歩していますが、他の惑星について同様の批判を私は聞いたことがありません。地球温暖化研究に使われる気候モデルの枠組みは天気予報だけでなく、土星や金星の大気の流れや温度の計算にも使われています。また、そもそもCO_2の温室効果は何も地球に限られたことではなく、金星の４６０℃という高い気温の説明としても一般的に認められている[24]ことは忘れてはなりません。にもかかわらず、この結果に地球温暖化に対するものと同じような疑義が呈されているのを、私は見たことがありません。

普通の「危機」と異なる気候変動

「危機」といっても気候変動は、いわゆる普通の「危機」とは大きく異なる点がたくさんあります。また、その他の環境問題と比べてみても違うところがいくつかあるので、その点について誤解なきよう説明したいと思います。

イギリスの新聞『ガーディアン』は、2019年5月から「気候変動」という言葉を紙面で使わないことを決定しました。そのかわりに使うことにしたのは、「気候危機」という言葉です。[25] また「地球温暖化」や「気候変動」といった従来の言葉では十分に問題の本質を伝えることができず、また十分な対応も喚起することができません。そうした判断がこの決定の背景にあるでしょう。「気候危機」という言葉は、ドラスティックで劇的な対応を示唆します。世界では気候非常事態宣言を出した自治体などが増えており、日本でも長野県（2019年12月）や神奈川県（2020年2月）などの自治体で宣言が出されています。[26] 国会でも2020年11月に宣言が決議され、話題を呼びました。[27] 非常事態宣言というと、新型コロナウイルス対策として2020年4月と2021年1月に発出された緊急事態宣言[28]を思い出す方もいるでしょう。学校は休校になり、飲食店は閉まり、出勤はせずにテレワークとなりましたが、日常の活動が制限されコロナ対策を優先したように、気候変動でもそのような対策が必要というのでしょうか。

しかし、地球温暖化問題の危機としての特性は、他の問題と比べて随分違います。コロナ禍と比較してみましょう。第一に、地球温暖化自体は急激に起こるものではありません。感染爆発という言葉が適切なように、２０２０年に広まり世界を襲った新型コロナウイルスの場合は、非常に速いスピードで感染が増加します。そのため、感染を抑え込むために都市封鎖（ロックダウン）のような施策が世界中で行われ、日本でも外出の自粛や店舗などの休業要請が行われました。一方、地球温暖化はゆっくりと進みます。確かに、ある年急激に台風の被害が顕在化するなど、途端に影響が大きくなるように見えることもあるかもしれません。しかし、気象災害の甚大化は徐々に進むのであり、ある日を境に大きくことが変わるというのはむしろ人々の認識の方であって、気象現象の方ではないことが多いのです。

対策の観点から見ても、地球温暖化はユニークな特徴があります。一度大気に出てしまったCO$_2$は大気中に長期にわたって残るため、それに伴い一度上昇した気温は超長期の１０００年間ぐらいは低下しません[29]。新型コロナウイルスによって工場の操業が止まり、世界各地で大気がきれいになったという報告がありますが、これは大気汚染の物質は長くても1週間程度で地上に落ちてくるからです。地球温暖化は大気汚染とは大きく異なり、一度気温が上がったら、（人工的に気温を下げない限り）温度上昇は１０００年の規模でそのまま残るのです。既に地球の平均気温は約1℃上昇していますが、我々もまた私たちの子供世代、孫世代もこの暖まった地球から逃れることはできません。つまり、気温は元に戻らないのです。

こうした特徴を持つ地球温暖化ですが、気候工学には伝統的な対策では不可能な貢献ができます。それは一度上昇してしまった気温を低下させるということです。パリ協定では１・５℃や２℃という気温上昇目標が掲げられていますが、これを超えてしまった場合は、何もしないと千年単位で上がりっぱなしの気温を放射改変を用いれば直接的に下げることができますし、CO_2除去でも時間がかかりますが大気中のCO_2濃度を下げ、長期的に下げることができます。こうしたシナリオでは一時期的に気温が目標を超過してしまいますが[30]、それでも気温を下げることで気候変動の影響を抑えることができるかもしれません。

　気候変動の問題は甚大です。これについて世界は手をこまねいているわけではありません。再生可能エネルギーのコストの低下と大幅な普及、電気自動車のイノベーションの加速など素晴らしい光は見えてきています。ただ、残念ながらこれらの対策の規模と速さは気候科学が示す必要な水準に達していません。次章ではこの点を詳しく見ていきます。

1 IPCC (Intergovernmental Panel on Climate Change).(2018). Summary for Policymakers. In: Global Warming of 1.5°C. An IPCC Special Report on the impacts of global warming of 1.5°C above pre-industrial levels and related global greenhouse gas emission pathways, in the context of strengthening the global response to the threat of climate change, sustainable development, and efforts to eradicate poverty [Masson-Delmotte, V., P.Zhai, H.-O. Pörtner, D. Roberts, J. Skea, P.R. Shukla, A.Pirani, W. Moufouma-Okia, C. Péan, R. Pidcock, S.Connors, J.B.R. Matthews, Y. Chen, X. Zhou, M.I.Gomis, E. Lonnoy, T. Maycock, M. Tignor, and T.Waterfield (eds.)]. World Meteorological Organization,Geneva, Switzerland, 32 pp. Retrieved from https://www.ipcc.ch/sr15/chapter/spm/

2　国土交通省（２０１８）「夏（６～８月）の天候」『気象庁ホームページ』 https://www.jma.go.jp/jma/press/1809/03c/tenko180608.html（２０２０年11月13日アクセス）

3　国土交通省「歴代全国ランキング」『気象庁ホームページ』 https://www.data.jma.go.jp/obd/stats/etrn/view/rankall.php（２０２０年11月13日アクセス）

4　国土交通省（２０１８）「平成30年7月豪雨（前線及び台風第7号による大雨等）」『気象庁ホームページ』 https://www.data.jma.go.jp/obd/stats/data/bosai/report/2018/20180713/20180713.html（２０２０年11月13日アクセス）

5　Imada, Y., Watanabe, M., Kawase, H., Shiogama, H., & Arai, M. (2019). The July 2018 High Temperature Event in Japan Could Not Have Happened without Human-Induced Global Warming. SOLA.15A. 8-12. https://doi.org/10.2151/sola.15A-002

6　Nobel Media AB. (2019, Oct.14). THE NOBEL PRIZE. Retrieved on November 13, 2020, from https://www.nobelprize.org/prizes/economic-sciences/2019/press-release/

7　McSweeney, R. & Hausfather, Z. (2018, Jan.15). Q&A: How do climate models work?. Carbon Brief. Retrieved on November 13, 2020, from https://www.carbonbrief.org/qa-how-do-climate-models-work#what

8　Pall, P., T. Aina, D. A. Stone, P. A. Stott, T. Nozawa, A. G. J. Hilberts, D. Lohmann and M. R. Allen. (2011): Anthropogenic greenhouse gas contribution to flood risk in England and Wales in autumn 2000. Nature, 470, 382-385. https://doi.org/10.1038/nature09762
森 正人、今田由紀子、塩竈秀夫、渡部雅浩（２０１３）「Event Attribution」『天気』60(5), 413-414.

http://ci.nii.ac.jp/naid/110009611999

9 NASA (2020) Jet Propulsion Laboratory. Retrieved on November 13, 2020, from https://ssd.jpl.nasa.gov/sbdb.cgi?sstr=1P;orb=1;old=0;cov=0;log=0;cad=1#cad

10 United Nations (2019) World Population Prospects 2019. Department of Economic and Social Affairs. Retrieved on November 13, 2020, from https://population.un.org/wpp/Download/Standard/Population/

11 Schwartz, P. (1996). The art of the long view : paths to strategic insight for yourself and your company. Doubleday.
https://www.worldcat.org/title/art-of-the-long-view-paths-to-strategic-insight-for-yourself-and-your-company/oclc/33245368

12 国立環境研究所（２０１７年２月21日）「気候変動研究で分野横断的に用いられる社会経済シナリオ（SSP; Shared Socioeconomic Pathways）の公表（お知らせ）」『国立環境研究所ホームページ』
https://www.nies.go.jp/whatsnew/20170221/20170221.html（２０２０年11月13日アクセス）

13 Hausfather, Z. (2018, Apr.19). Explainer: How 'Shared Socioeconomic Pathways' explore future climate change. Carbon Brief. Retrieved on November 13, 2020, from https://www.carbonbrief.org/explainer-how-shared-socioeconomic-pathways-explore-future-climate-change

14 計算の仕方によりますが、数学的な中央値（この数値より真の値が超過する可能性が50%という値）だったり、下から数えて66%に位置する値を指すことが多いです。

15 National Research Council (U.S.). Ad Hoc Study Group on Carbon Dioxide and Climate. (1979). Carbon dioxide and climate: a scientific assessment: report of an Ad Hoc Study Group on Carbon

Dioxide and Climate, Woods Hole, Massachusetts, July 23-27, 1979 to the Climate Research Board, Assembly of Mathematical and Physical Sciences, National Research Council. National Academy of Sciences.
https://www.worldcat.org/title/carbon-dioxide-and-climate-a-scientific-assessment-report-of-an-ad-hoc-study-group-on-carbon-dioxide-and-climate-woods-hole-massachusetts-july-23-27-1979-to-the-climate-research-board-assembly-of-mathematical-and-physical-sciences-national-research-council/oclc/5845016

16 Holton, J.R. & Hakim, G.J. (2013). An introduction to dynamic meteorology, Amsterdam: Elsevier: Academic Press.
https://www.worldcat.org/title/introduction-to-dynamic-meteorology/oclc/810085226

17 Sherwood, S. C. et al. (2020) An Assessment of Earth's Climate Sensitivity Using Multiple Lines of Evidence, Reviews of Geophysics, 58(4).
https://doi.org/10.1029/2019RG000678
この論文ではeffective climate sensitivityを主に分析しており、アブストラクトでは2・6℃～3・9℃と報告されています。論文の本文では平衡気候感度についても言及があります。

18 気候変動の影響に関する文献は膨大です。例えば代表的なものとして次のものがあります。IPCC (2014) WG2. IPCC (2018) SR15. IPCC (2019) SROCC
http://www.env.go.jp/earth/tekiou/report2018_full.pdf

19 日本経済新聞社（２０１６年2月7日）「フクシマは本当に「想定外」だったのか」『日本経済新聞』
https://www.nikkei.com/article/DGXKZO97024370W6A200C1TZG000/（２０２０年11月13日アクセス）

20 Kakutani, M. (2011, Feb. 3). Rumsfeld's Defense of Known Decisions. The New York Times.

Retrieved from https://www.nytimes.com/2011/02/04/books/04book.html

21 IPCC, 2019: Summary for Policymakers. In: IPCC Special Report on the Ocean and Cryosphere in a Changing Climate [H.-O. Pörtner, D.C. Roberts, V. Masson-Delmotte, P. Zhai, M. Tignor, E. Poloczanska, K. Mintenbeck, A. Alegría, M. Nicolai, A. Okem, J. Petzold, B. Rama, N.M. Weyer (eds.)].

22 Lenton, T.M., Rockström, J., Gaffney, O., Rahmstorf, S., Richardson, K., Steffen, W. & Schellnhuber, H.J.(2019, Nov. 27) Climate tipping points — too risky to bet against. Nature (575), 592-595. https://doi.org/10.1038/d41586-019-03595-0

23 環境省「極夜と白夜」『なんきょくキッズ』
https://www.env.go.jp/nature/nankyoku/kankyohogo/nankyoku_kids/donnatokoro/donnatokoro/taiyou.html（２０２０年11月13日アクセス）

24 ＪＡＸＡ「金星の概要」『あかつき特設サイト』
https://www.jaxa.jp/countdown/f17/overview/venus_j.html（２０２０年11月16日アクセス）

25 Guardian News & Media (2019) Why the Guardian is changing the language it uses about the environment. The Guardian. Retrieved on November 16, 2020, from https://www.theguardian.com/environment/2019/may/17/why-the-guardian-is-changing-the-language-it-uses-about-the-environment

26 阿部守一（２０１９）「気候非常事態宣言」『長野県ホームページ』
https://www.pref.nagano.lg.jp/ontai/documents/kikohijyojitaisengen.pdf（２０２０年11月16日アクセス）
黒岩祐治（２０２０）「かながわ気候非常事態宣言」『神奈川県ホームページ』
https://www.pref.kanagawa.jp/documents/58334/kanagawaweatherdecralation.pdf（２０２０年11月

16日アクセス）

27 …… http://www.shugiin.go.jp/internet/itdb_annai.nsf/html/statics/topics/ketugi201119-1.html
https://www.sangiin.go.jp/japanese/gianjoho/ketsugi/203/201120-1.html

28 …… 内閣官房内閣広報室（２０２０）「新型コロナウイルス感染症対策本部（第27回）」『首相官邸ホームページ』
https://www.kantei.go.jp/jp/98_abe/actions/202004/07corona.html（２０２０年11月16日アクセス）

29 …… Solomon, S., Plattner, G., Knutti, K. & Friedlingstein, P. (2009) Irreversible climate change due to carbon dioxide emissions. PNAS February 10, 2009 106 (6) 1704-1709.
https://doi.org/10.1073/pnas.0812721106

30 …… 専門的な議論では英語の overshoot を片仮名にしたオーバーシュートという言葉が使われることがありますが、文字通り超過の意味です。

第2章

不十分な対策と
気候工学の必要性

2-1 加速する温暖化対策

IT業界も大いに活用する再生可能エネルギー

2020年、新型コロナウイルス問題が本格化した後は、在宅勤務でオンライン会議をしてパソコンと一日中にらめっこが日常になった人も多いかと思います。私自身も様々なオンラインサービスを使い、研究や大学の業務のディスカッションをしています。アップルやグーグルなどの製品にはお世話になりっぱなしです。

ところで、アップルやグーグルなどのIT巨大企業は、世界中にデータセンターと呼ばれるコンピューターを大量に所有し、24時間・365日稼働させ続けています。これらの電力使用量は、我々の生活が便利になり、経済がスムーズになればなるほど増えてきています。しかも、新型コロナウイルスでますますその使用量は増えています。こういう事情を聞くと、アップルやグーグルからのCO_2排出量が増えたのではと想像される方もいるかもしれません。

ところが、です。実はアップルやグーグルは、再生可能エネルギーで全ての電力を調達しています。あなたが使うアップル・ミュージックやGメールは、少なくともＩＴ巨大企業側の電力ではCO_2が排出されていないのです[1]。

なぜＩＴ巨大企業は、再生可能エネルギーに積極的なのでしょうか。シリコンバレーは宇宙開発や医療など、技術で世の中の問題を解決していくという考えが浸透しているから、ある意味当然かもしれません。しかし、大きな要因になっているのは、再生可能エネルギーの変貌（へんぼう）です。昔は環境保護派がクリーンな目的のために導入する、ニッチで小さな電力技術でした。しかし、現代の再生可能エネルギーは、安価でハイテクな科学技術の集積であり、同時に大きなビジネスが背後についています。電力を大量に消費するＩＴ巨大企業が積極的に購入できるほど、安価で信頼性が上がってきているのです。

再生可能エネルギーがここまで到達するには、様々な政策（研究開発補助、導入補助金、量的・価格的規制）があり、その背景には複雑で長い物語があります。いずれにせよ、グローバルな市場では、再生可能エネルギーの地位は確立されつつあるのです（なお、日本の再生可能エネルギーは海外水準と比べると例外的に高価です。また、再生可能エネルギーは発電が天候に左右されるという特性があります。個々の企業の取り組みでは問題ないのですが、日本全体で大量の再生可能エネルギーに切り替えるとなると、送電線や蓄電池の整備、需要側の制御など、色々と必要な対策が増えることは付言しておきます）。

「はじめに」で述べた、「ＲＥ１００」もその動きの一環です。クライメット・グループとＣＤ

Pという2つのNGOが協業して進めているもので、2020年12月28日時点で284社が加入しています。当初、賛同する企業は欧米の企業が中心でしたが、2017年にリコーが加わってから日本の企業も続々と参加していることは、冒頭で述べた通りです。

広がる温室効果ガス排出ゼロ宣言

ビジネスだけでなく、各国政府や地方自治体も対策を強化しています。これも「はじめに」で触れましたが、改めてまとめましょう。ヨーロッパではイギリスが2019年6月に、主要国で初めて2050年に温室効果ガス排出量を（正味で）ゼロにする目標を法制化しました。[2] 欧州連合も2050年に温室効果ガス排出量をゼロにする目標を示しています。[3] 日本も各国の動きを受けて、2020年10月26日に菅義偉首相が2050年の温室効果ガス排出量ゼロを打ち出しました。アメリカではドナルド・トランプ前大統領が地球温暖化に否定的でしたが、ジョー・バイデン大統領は2050年の実質排出量ゼロを打ち出しています。また、連邦国家なので、トランプ政権下でも以前から州ごとに積極的な動きが見られました。2018年にはカリフォルニア州のジェリー・ブラウン知事（当時）が、2045年までにCO_2の排出量を正味ゼロにする知事令に署名しています。[4]

こうした動きは日本にも見られます。2021年1月13日時点で、日本でCO_2排出量正味ゼロ宣言を打ち出した自治体は、28都道府県を含む206にのぼります。[5] 2019年12月に東京都は「ゼロエミッション東京戦略」を公表し、2050年までにCO_2排出量を正味でゼロにする戦略を打ち出しました。[6] 非常に挑戦的な目標ではありますが、多くの自治体がそのような方向性を打ち出すことは望ましいことです。

これらはCO_2排出量を正味でゼロにする環境目標ですが、より具体的な対策を打ち出している国や自治体もあります。フランス、カナダの一部の州などでは2040年までにガソリン車等の販売を禁止する方向性を打ち出していて、フランスは2019年に法制化もしました。[7] イギリスは2030年でのガソリン車等の禁止を掲げています。[8] ノルウェーはもっと先を行っており、2025年までにゼロにする目標を掲げています。実際に、ノルウェーの新車販売に占める電気自動車とプラグイン・ハイブリッド車（電気でもガソリンでも走れる車）の割合は、2019年を通じて全体の50％を超えています。自動車以外にも、身近なところでは調理器具のコンロや、給湯器具で都市ガスを燃やすことを禁止する動きもあります。その場合は、ガスの替わりにＩＨ（誘導加熱）で調理をしたり、ヒートポンプ式給湯器で電気を使うことになります。都市ガスもガソリンと同様、化石燃料であり、燃やすとCO_2が排出されます。カリフォルニア州のバークレー市は2019年に全米で最初にガスを新築建物で利用することを禁止する条例を制定しました。

2-2 ゼロにすることの難しさ

COVID-19でもなかなか減らない温室効果ガス排出

このように、矢継ぎ早に対策が打ち出されていて、地球温暖化対策は進んでいることは事実です。しかし、将来の地球温暖化による気温上昇が科学的に評価されるように、このような対策の効果も科学的に評価されるべきです。残念なことに、科学的にはこうした先進的な取り組みを積み上げても、パリ協定で合意されている2℃または1・5℃目標には到底届かないのです。

いかにしてCO_2排出量を減らすかということを考えるために、コロナ禍でどれだけCO_2が減ったか考えてみましょう。国際エネルギー機関によれば、2020年の世界全体のCO_2の排出量は、新型コロナウイルスにまつわる都市封鎖や経済縮小によって、前年に比べて8%低下すると見積もられています（ただし、これは4月に公表された報告書であり、COVID-19対策の長さや厳格さについて一定の仮定のもとで計算されたシナリオである、ということに注意する必要があります）。地球システムでの炭素の循環について調べている国際研究プロジェクト、Global Carbon Projectは、2020年5月に公表した論文で、一日のCO_2排出量が2019年平均に比べて、最大で17%低下したと見積もりました。工場などの操業が止まり自動車の利用が減ることで、世界各地で大気が綺麗（きれい）になったという報告も相次ぎました。

環境負荷が減ること自体は喜ばしいことです。しかし、その代償はすさまじいものがあります。都市封鎖や経済縮小は、２００８年９月に米投資銀行リーマン・ブラザーズ破綻をきっかけに始まった世界的な金融危機を超える、１００年に一度とも言われる経済危機を伴っています。

地球温暖化を抑制するためには、世界のCO_2の排出量をゼロまたはマイナスにしなければいけません。しかし、これだけ経済成長が停滞しても、排出量は８％程度しか減少しません。ＣＯＶＩＤ－19は現代人に様々な教訓を残していますが、その一つはCO_2排出削減を経済縮小によって達成しようとすれば、凄まじい社会混乱が起きるということでしょう。

排出をゼロにはできない省エネ

もう一つ例をあげましょう。日本では「冷房の設定温度を28℃、暖房の設定温度を20℃にする」「夏は薄着、冬は厚着にしてエネルギーを節約する」（クールビズ・ウォームビズ）などといったキャンペーンが政府によって展開され、広く定着してきました。これが最初に始まったのは、２０２０年現在、コロナ禍で対策に忙しい小池百合子東京都知事が環境大臣であった、２００５年です。[9] こうした取り組みを無理ない範囲で進めることは極めて大事なのですが、同時に、省エネルギーをいくら推し進めてもこれだけでは**排出量がゼロにならない**ことを忘れてはいけません。そもそも、冷房で排出量をゼロにするためにエアコンを止めるというのは、今後地球温暖化で熱中症が増える中、無責任な対応とも言えます。また、省エネルギーではいくら頑張っても大気に出てしまったCO_2を減らすことはできません。ゼロにする、またはマイナスにする、ということは他の技術でないと解決できないのです。

このような主張は、こまめに電灯を消したりエアコンの設定温度を調整したりする人にとっては、なかなか想像しがたいことかもしれません。ただ、ここで挙げたような問題が意味するのは、地球温暖化対策は科学に基づく必要性があるということです。直感では想像ができないのも仕方がないのです。

より科学的に解説しましょう。最近の研究でCO_2排出量を減らすことが難しい領域がわかってきています。交通分野では、乗用車については電気自動車が普及しつつありますが、航空機や船舶を動かす燃料を低炭素にすることや、素材などの重厚長大産業のCO_2を減少することは難しいと言われています。この分野では、再生可能エネルギーなどの電気を活用するのが困難なのです。技術革新で少しずつ対策の方向性が見えており、特に欧州を中心として取り組みが強化されていますが、ゼロにするのが非常に難しいことには変わりありません。

ここで産業部門について少し詳しく考えてみましょう。鉄鋼やセメントなどの素材産業はエネルギーを使うだけでなく、原料から元素の炭素を取り除く必要性から化学反応でCO_2が排出されます。これらを取り除く方法は、原理的には存在しますが、実際に削減するのは難しいことが分かっています。実は欧米では、この分野でも削減が進みつつありますが、その理由の一つは、ヨーロッパやアメリカの産業の空洞化です。東アジア勢の台頭で、コスト競争に負けた欧米では素材産業が減少し、その代わりに生産が中国などに移転しました。これにより自国でのCO_2排出量が減少すると同時に、中国での排出量が増加しました。わかりやすく言えば、中国は世界の工場となって様々の工業製品を生産するようになっただけではなく、世界のCO_2の排出工場にもなったわけです。[10]

しかしながら、世界全体でCO_2をゼロにすることを目的とするならば、欧州から中国などに工場が移転することは、全く何の得にもなりません。確かにアメリカやヨーロッパの視点から言えば、自国のCO_2の排出量が減り国際的な非難を受けないようになったり、逆に国際交渉の場所などでは削減をアピールできるようになったりするかもしれません。しかし、地球の気温の観点からすれば、排出されるCO_2の世界総量は変わらないために、何の変化もないでしょう。

今まであまり強調せずに来ましたが、世界のCO_2排出量をゼロにすることは、日本のような先進国だけではなく、発展途上国を含めた全ての国でゼロにしなければいけない、ということを意味します。中国は２０００年代に急速な経済成長を遂げ、鉄鋼やセメントの生産と需要が大幅に伸びました。今後、中国と同じく10億人以上の人口を誇るインドや、（国ではなく大陸としてですが）人口が10億人以上で経済も拡大するであろうアフリカが、鉄鋼やセメント、石油化学製品を必要とするかもしれません。しかし、地球温暖化の気温上昇を１・５℃に抑えるには、こうした国も大幅な排出削減をして、おおむね２０５０年までに全世界でCO_2排出量をゼロにする必要性があります。[11]

ゼロ目標達成とは日本国民全員が減らすということ

次に社会科学の視点で考えてみましょう。先ほど省エネルギーではゼロまで到達できないと指摘しましたが、とはいえ、省エネルギーは地球温暖化のもっとも基本的な対策であり、まず最初に取り組むべき方策であることには異論がありません。例として、エアコンのクリーニングについて考えてみましょう。エアコンをクリーニングしなければ、冷房・暖房の効率が落ち、快適性も減少しますし、光熱費も上昇します。この意味で、エアコンの掃除は効果的でしょう。ただ、日本全国でエアコンのクリーニングを広げるのはどれぐらい難しいのでしょうか。

小学校や中学校を思い出してください。クラスには色々な人がいたはずです。先生に言われる前に掃除や整頓をてきぱき片付ける人もいれば、先生に言われてようやく動き出す人もいます。いくら言われてもなかなか動かない人もいます。世の中にはいろんな人がいるので、当たり前のことです。分かり切ったことではありますが、こうした状況を踏まえて、エアコンのクリーニングを日本のすべての世帯で徹底することはできるでしょうか。答えは否でしょう。[12]

別にエアコンのクリーニングにこだわりたいわけではありません。あくまでも例として使っているだけです。話を元に戻すと、日本でCO_2を100％削減するためには、日本の全国民が排出削減に貢献しなければいけないということです。やる気のある人だけ、お金がある人だけ環境対策すればいいわけではないのです。環境に対して億劫で何にもしたくない人の活動から出るCO_2も、ゼロにしなければなりません。これが、地球温暖化対策が難しい理由です。

最後にですが、世界全体でCO_2排出削減をする必要性については強調してもしきれません。冒頭で100億トン規模の排出削減不足分（ギャップ）について述べました。これは世界のすべての国の合計の結果です。あらゆる国が、イギリスやフランスのように積極的な対応を打ち出しているわけではありません。新興国である中国のCO_2排出量は、世界最大です。確かに再生可能エネルギーも電気自動車の導入量も加速していますが、クリーンな電力や排気ガスが出ない自動車が、約14億人の中国人全員に届くにはまだまだ時間がかかります。いまだに中国の経済は石炭による火力発電に支えられており、これを転換するには時間がかかるのです。これに加えて、世界ではこれから経済成長する国もあるでしょう。こうした社会の趨勢（すうせい）を考えると、現状の対策のレベルでは、２１００年の気温上昇は３℃ぐらいになってしまうと考えられているのです。

2-3　新たな対策の必要性

対策の難しさをコストで考える

世界全体で完璧（かんぺき）にCO_2の排出をゼロにするということについて、不可能とまでいわなくとも、非常に難しいことは分かっていただけたかと思います。ここで、少しこの難しさを定量的に考えるために、コストを考えてみます。コストというと、お金という経済的な視点に限定されるように聞こえるかもしれませんが、社会的なコストや環境的なコストも含めた、若干緩やかに定義された概念として使いましょう。社会的、環境的なコストについては後の章で考えることにして、最初は経済的なコストから検討してみます。

地球温暖化の対策のコストを測る際によく使われる指標としては、「$CO_2$1トンの排出量（または同等の温室効果ガス）を削減するのに、いくらの金額がかかるか」というものがあります。単位は「円（またはドルなどでもよい）／t-CO_2-eq」です。eqというのは、いろいろな温室効果ガスによって地球温暖化への影響度合いが違うので、これを踏まえてCO_2の相当量に換算したという意味になります。

地球温暖化対策は実に様々で、そのコストも一つ一つ違います。例えば、家庭の電球を白熱電球からLED電球に交換したり、エアコンを古い低効率な機種から高効率な最新機種に買い替えたりする省エネルギー。ガソリン車をやめて電気自動車に乗り換えるような燃料転換（電力を使うようになるので電化ともいう）。極力エネルギーを使わないようにするといった、ライフスタイルの変化などもあります。これらは全て金額が異なるのです。LEDライトに換えるのは、コストよりも便益をもたらす可能性が高いです。LED自体は電球より高価ですが、電力代を抑えられるので早晩元が取れるでしょう。逆に、一昔前の電気自動車は非常に高額で、CO_2対策としても高かったわけです。ライフスタイルの変化は、政府が情報キャンペーンをするのに広報費用がかかるかもしれませんが、それ自体は大したことがないかもしれません。

さて、このように様々な対策がある中で、平均的にみたとき、現在の世界は地球温暖化対策にどれぐらいお金をかけているのでしょうか。世界には欧州連合の排出量取引スキーム（Emissions Trading Scheme, ETS）など、様々な排出量取引があります。これは、市場での取引を通じてコスト効率的にCO_2が削減できる仕組みです。CO_2の排出上限を設けて、その範囲で一番安い金額で排出を削減できる人が排出削減の証書を得ます。排出削減ができない人がこの証書を購入します。これには、CO_2排出削減という目的と同時に、いくらかかるかということを市場を通じて発見する、という側面もあります。現在の欧州連合の排出量取引価格はCO_2 1トンあたり20〜30ユーロぐらいですので、[13]これより安い対策は（市場に問題がなければ）掘り起こされていることになります。

いま仮に、世界が地球温暖化対策に3000円／t-CO_2のお金をかけているとします。それでは、2℃目標や1・5℃目標を達成するには、どれほどの対策を取らなければならないのでしょうか。この観点は、メディアではあまり関心を集めないのですが、気候変動に関する政府間パネルの報告書によれば、1・5℃目標を達成するためには、2050年で2万4500円〜143万円／t-CO_2になることが示されています（1ドル＝100円換算）。つまり、現状より最大3桁も違うのです。この金額は、科学者がエネルギー経済モデルや統合評価モデルといったコンピューター・ソフトウェアを用いて計算し、見積もられています。そのため、不確実性を伴いますが、これを踏まえても現状の対策が不十分であることは容易に理解できます。

前節で説明したように、CO_2を100％削減することは非常に難しいです。一方で、大気からCO_2を回収するのは、詳しくは後述しますが相対的には「安い」のです。これだけ見れば、「CO_2の排出を止めるのがそんなに難しければ、CO_2を出した後に大気からそれを回収する方法もあるのではないか」と思っても不思議でないでしょう。また、もしかしたら、直接気候を冷やせたら経済的に有利な対策になるかもしれません。これがCO_2除去や太陽放射改変といった考えが生まれる理由の一つです。

なお、現時点で想定されている対策のコストは、技術のイノベーションによって大きく変化することに注意していただきたいです。過去10年ぐらいで太陽光発電や風力発電はコストが大幅に低減し、グローバルには化石燃料と市場で競争できるほどになってきています。２０２０年に発表された国際エネルギー機関の報告書「世界エネルギー展望」によれば、ここ数年のコスト低下で太陽光発電は多くの国で最も安くなり、新たな電力のキングの地位に達しつつあるといわれています。また、電気自動車のバッテリーも日々コストが下がってきています。

自治体の分類に従って毎日ゴミを丁寧に分別したり、冷房の設定温度を28℃にしたりしている人から見れば、大気にＣＯ$_2$を出してから回収したり、大気を直接冷却するのは非常に馬鹿げたことに思えるでしょう。言い換えれば、わざわざ部屋をひどく散らかしてから片付けるようなものです。最初からきれいに家を使えば、片付ける手間はとにかく減るはずです。しかし、地球温暖化は清潔好きの人だけの問題ではありません。世の中の人が皆、部屋を常にきれいに片付けることができないように、部屋を散らかしてしまう人の部屋の分もきれいにしないといけません。前節でＣＯ$_2$を正攻法で減らすには難しい領域があると説明しましたが、全世界でＣＯ$_2$を「片付ける」ためにはＣＯ$_2$除去が必要になります。[14]

この章では、地球全体のＣＯ$_2$排出量を現実的に減らすという視点で語ってきました。しかし、先進国や発展途上国のＣＯ$_2$排出削減の義務は違います。歴史的に見ればアメリカや日本などの先進国、また最近では中国のような新興国は、過去ＣＯ$_2$を排出しながら沢山の化石燃料を使い経済成長を遂げてきました。したがって、こうした国はいち早く排出量をゼロにして、さらにはマイナスにしていくという倫理的な責任を負っているといえるかもしれません。

1　厳密に言えば太陽が出ておらず風が吹いていないようなときには化石燃料由来の電気もつかっており、それを補償する形で別の時間帯に再生可能エネルギーを購入していることもあります。
Google (2019) Renewable Energy. Google Data Centers. Retrieved on November 16, 2020, from https://www.google.com/about/datacenters/renewable/

2　Crown (2019) GOV.UK. Retrieved on November 16, 2020, from https://www.gov.uk/government/news/uk-becomes-first-major-economy-to-pass-net-zero-emissions-law

3　European Commission (2020) European Commission. European Union. Retrieved on November 16, 2020, from https://ec.europa.eu/clima/policies/strategies/2050_en

4　Vox Media (2018) Vox. Retrieved on November 16, 2020, from https://www.vox.com/energy-and-environment/2018/9/11/17844896/california-jerry-brown-carbon-neutral-2045-climate-change

5　環境省（２０２１）「地方公共団体における２０５０年二酸化炭素排出実質ゼロ表明の状況」https://www.env.go.jp/policy/zerocarbon.html（２０２０年1月16日アクセス）

6　東京都環境局（２０１９）「ゼロエミッション東京戦略」『東京都環境局ホームページ』https://www.kankyo.metro.tokyo.lg.jp/policy_others/zeroemission_tokyo/strategy.html（２０２０年11月16日アクセス）

7　IEA (2020) Global EV Outlook 2020. IEA. Retrieved on November 16, 2020, from https://www.iea.

org/reports/global-ev-outlook-2020

8 https://www.gov.uk/government/news/government-takes-historic-step-towards-net-zero-with-end-of-sale-of-new-petrol-and-diesel-cars-by-2030

9 環境省（2005）「「夏の新しいビジネススタイル」愛称発表及び愛・地球博会場内での6月5日環境省関連イベントについて」『環境省ホームページ』
http://www.env.go.jp/press/press.php?serial=5936（2020年11月16日アクセス）

10 専門的には生産ベースのCO$_2$排出量と消費ベースのCO$_2$排出量の違いに見て取れます。Davis, S.J. and Caldeira, K. (2010) Consumption-based accounting of CO_2 emissions. PNAS Mar. 23, 2010 107 (12) 5687-5692. from https://doi.org/10.1073/pnas.0906974107

11 IPCC (Intergovernmental Panel on Climate Change). (2018). Summary for Policymakers. In: Global Warming of 1.5°C. An IPCC Special Report on the impacts of global warming of 1.5°C above pre-industrial levels and related global greenhouse gas emission pathways, in the context of strengthening the global response to the threat of climate change,sustainable development, and efforts to eradicate poverty [Masson-Delmotte, V., P. Zhai, H.-O. Pörtner, D.Roberts, J. Skea, P.R. Shukla, A. Pirani, W. Moufouma-Okia, C. Péan, R. Pidcock, S. Connors, J.B.R. Matthews, Y. Chen,X. Zhou, M.I. Gomis, E. Lonnoy, T. Maycock, M. Tignor, and T. Waterfield (eds.)]. World Meteorological Organization, Geneva, Switzerland, 32 pp. Retrieved from https://www.ipcc.ch/sr15/chapter/spm/

12 これは「通常の民主的なプロセスにのっとって」という意味です。

13 Sandbag (2020) EUA Price. Ember. Retrieved on November 16, 2020, from https://ember-climate.org/data/carbon-price-viewer/

14

Buck, H.J. (2020) Should carbon removal be treated as waste management? Lessons from the cultural history of waste. Interface focus, 10(5). from https://doi.org/10.1098/rsfs.2020.0010

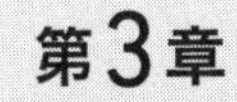

第3章

気候工学とは何か
——分類と歴史

3-1 気候変動対策の定義と分類

気候工学＝気候システムへの大規模・人為的介入

気候変動の危機は差し迫ってきていること、また新たな対策が必要とされていることについては、少し実感いただけたかと思います。この章ではいよいよ本書の主題である気候工学の概要を解説します。

そもそも気候工学とは何なのでしょうか。本書では「人工的に直接的に気候システムに介入して、地球温暖化対策とすること」と定義します[1]。英語ではジオエンジニアリング（geoengineering または geo-engineering）といったり climate engineering、climate geoengineering、climate intervention などといったりします。engineer と同じく geoengineer も動詞なので「Geoengineering the climate（気候をジオエンジニアするということ）」という言葉も作れます。実は、イギリス王立協会が２００９年に公表した影響力のある報告書のタイトルはこれでした。

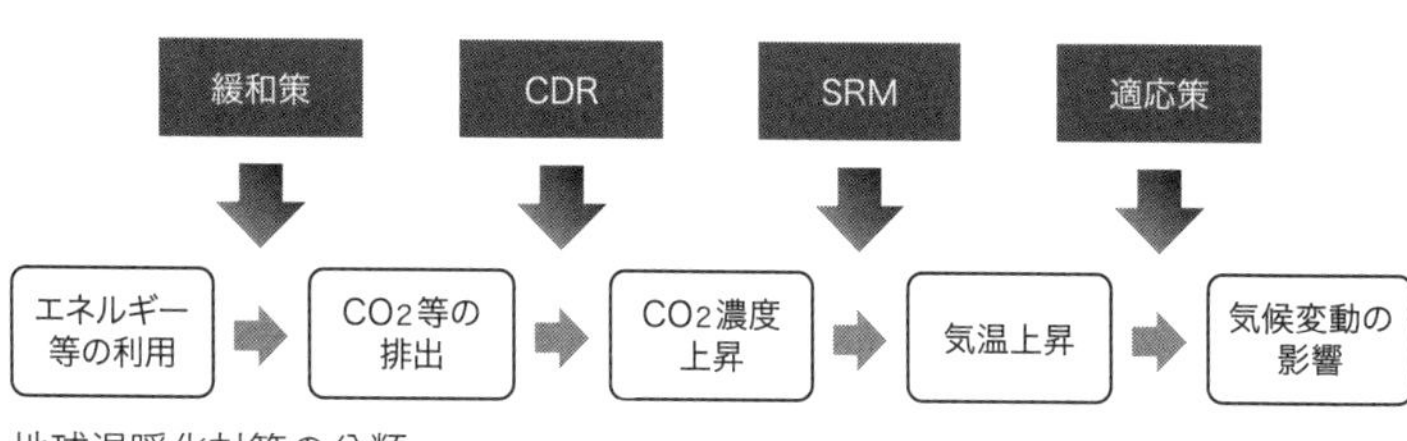

地球温暖化対策の分類

気候工学は著者が推奨している言葉です。もちろん、気候工学は climate engineering の日本語訳です。英語ですと geoengineering の方が使われることが多いかもしれませんが、地球工学は地盤工学のような意味合いに使われることもあり、日本語としては気候工学の方が正確で誤解がないと思っています。アメリカ政府では最近 climate intervention（気候介入）が使われるようなので、こちらも目にする機会が増えるかもしれません。

気候工学は様々な手法の総称で、主に太陽放射改変とCO_2除去に分けられます。この違いを説明するために、地球温暖化の起きる仕組みと対策の全体像を踏まえ、気候工学を位置づけてみます（図）。

地球温暖化は大気中に排出されたCO_2などの温室効果ガスによって起こります。したがって、まず温室効果ガスの排出自体を減らせば地球温暖化は抑制できます。この排出削減のことを専門用語で緩和策と呼びます。温室効果ガスの排出は、少なくとも日本の場合はほとんどが化石燃料起源なので、その対策としては、ガソリン車を（きれいな電気に基づいた）電気自動車に転換したり、発電技術を石炭火力発電から太陽光発電や風力発電に換えたり、石炭火力発電所にCO_2を回収する技術を装着したりするなどといったものが考えられます。

一度大気に出てしまったCO_2は、例えば木を植えるなどすれば大気から回収することができます。これがCO_2除去（CDR）／炭素除去です。化学工学的な回収を行ったり、海洋で栄養素を撒いて光合成を促進したり、大規模に植林を行ったりすればCO_2の濃度を下げることができます。CO_2除去は効果が発揮されるのに数十年規模という長期の時間がかかり、総じて一般的な緩和策に比べてコストが高いですが、気候変動の原因であるCO_2自体を除去します。

また、CO_2や温室効果ガスの大気中濃度が上がっても、太陽光のエネルギーを減らせば地球を冷やすことができます。これが太陽放射改変（SRM）です。SRMには非常に安価な技術があり、1～2年と効果が現れるのが速いですが、気候変動を完全に相殺することはできず、その点で不完全です。また、ガバナンスなど様々な社会的な問題があります。本書では以下「放射改変」と呼ぶことにします。

気候工学は、これらCO_2除去と放射改変の総称として使われます。ただ、CO_2除去と放射改変は科学的なメカニズムや社会的問題、またその対処法が大きく違うので、最近IPCCでは気候工学という言葉を避ける傾向にあります。

大気に出て蓄積されたCO_2などの温室効果ガスは、地球全体の気温を上昇させます。しかし、人間社会が変化する気候の影響をそのまま受ける必要はありません。例えば、豪雨が強くなるのが分かっていれば、堤防のかさ上げをしたり移住したりすればよいわけです。このように、変化する気候に人間社会や経済が対応して被害を軽減することを適応と呼びます。しかし、適応にもコストや時間がかかります。どの自治体でも堤防を簡単にはかさ上げできないですし、移住が難しい場合もあるでしょう。

他の対策と重なり合う気候工学

気候工学のわかりにくいところは、前掲の図からも分かるように定義が曖昧(あいまい)ということです。明確な概念や定義は、異なる考え方を持つ人の間で、実りある議論がスムーズにできるようにするために必要です。気候工学を旧来の緩和策や適応策とわざわざ分けて扱う理由は、これらの技術が社会的、倫理的な問題をはらむおそれがあり、緩和策や適応策とは違う社会的対応が必要だからです。言い換えれば、これらの問題が少ない場合は、緩和策や適応策として扱ったほうがスムーズな議論になるし、そうでない場合は気候工学として分類したうえで、その倫理的な問題や社会的な課題を積極的に扱うことが必要でしょう。

一つの例として植林を考えましょう。木を植えたり植物を育てたりすることを、わざわざ新しい用語を使って旧来の対策から分離しようとする必要性は少ないかもしれません。しかも、植林がその土地に合った生態系保全に寄与するものであれば、なおさらのことです。一方、同じ植林でも単一種を大規模に植えることで、生態系の破壊や土地の転用を引き起こし、ひいては食糧生産にも影響が及ぶ可能性もあるかもしれません。その場合は、旧来の温暖化対策である緩和策と区別するためにCO_2除去と呼ぶのが、政策的にも科学的にも有用です。

放射改変も同様です。詳しくは後述しますが、オーストラリアではグレート・バリア・リーフのサンゴを救うことを目的とする、雲の白色化の自然環境下での実験が２０２０年3月に行われました。[2] このプロジェクトのホームページには、放射改変ではなく、復元と適応という言葉が書いてあります。[3] 水温が上昇すると弱ってしまうサンゴ礁を救うために水温を下げるのは、熱中症にならないように室内の気温をエアコンで下げる人間の行動に似ているところがないともいえません。こう考えると、人工的にグレート・バリア・リーフだけ水温を低下させる行為は適応という見方もできなくはないでしょう。

　なお、境界があいまいというと、緩和策や適応策をやめてしまえばいいかのように聞こえるかもしれませんが、そういうことではありません。問題の解決には人間活動によるCO_2排出という原因を取り除くのがよいのは当然であり、放射改変もCO_2除去も緩和策や適応策の代替はできないのです。また、放射改変は大気中のCO_2濃度を減少させないので、もう一つのCO_2問題と呼ばれる海洋酸性化の解決にはつながらないことも大事な点です。

　なお、放射改変とCO_2除去が科学的に議論の俎上（そじょう）に載っているということは、ある程度効果に目途がついているからです。多くの技術がローテクであり、ノーベル賞級のブレークスルーに匹敵するような最先端技術は必要とされていません。技術的には既知のものの組み合わせがほとんどです。最適化など利用の仕方の工夫は必要ですし、新たな技術も必須ですが、人工知能やバイオテクノロジー分野に比べると圧倒的にローテクです。

　とはいえ、現状で存在するのは小規模な技術か要素技術であり、気候工学は現時点では完成されたシステムとしての技術ではなく、想像上の技術といえるでしょう。したがって、どのように開発し、どのような規模で、どのような形で利用するかは、すべて今後の社会の議論に委（ゆだ）ねられています。

なお、気候工学には放射改変とCO_2除去以外にも地域的な気候に介入する手法があります。これについては第5章で扱います。

3-2　気候工学小史

2000年代までタブー視されていた気候工学

全体像を理解するために、簡単に歴史的な視点から振り返ってみたいと思います。

気候工学に関する技術的なアイデアについては、長年にわたって議論されてきましたが、気候工学は、省エネルギーや再生可能エネルギー導入拡大などの緩和策（排出削減策）を弱める恐れがあるとして、タブー視されていました。気候工学のように「お手軽な」気候変動対策が知られると、本命であるCO_2排出削減などの緩和策がおざなりになるという懸念です。しかし、このタブーは2000年代に破られ、気候工学にも徐々に関心が高まってきました[4]。その理由は、気候変動に関するリスクについての認識が、専門家の間で高まってきたからです。気候工学をめぐる議論の過程を見ると、社会的な懸念が大きく、それについて多くの研究者が答えてきたことが見て取れます。ただ、同時に、小規模ではありますが、潜在的な利益が絡んだ場合や、社会的な問題が見えた場合の課題もでてきました。

からです。

人工降雨

気候工学とは直接は関係ありませんが、人類と天気の関係を理解するには、人工降雨の取り組みを振り返るのが大事でしょう。宗教からノーベル賞、戦争での利用まで様々な側面が出てくるからです。

原理的に正しくなくとも、気象を思うようにコントロールしたいという願望・欲望は太古から存在しました。例えば、雨乞いはその一つで、人類が農耕を始めたこともあり、世界的にも広く見られました。気象学が徐々に発展し始めた近現代でも様々な取り組みが見られ、19世紀半ばのアメリカでは森林火災によって上昇気流を引き起こし、それによって雨を降らせるという提案がなされたこともありました[5]。

人工降雨の科学的な歴史は、1946年の米ゼネラル・エレクトリック・カンパニーの実験にさかのぼります。ヴィンセント・シェーファー博士がドライアイスで冷却することによって空気中の水分からミストができることを実験室で観察し、現代的な人工降雨を思いつきました[6]。さらに、その後、ノーベル化学賞受賞者のアーヴィング・ラングミュア博士と共に実際に自然環境でドライアイスをまいた実験を行いました。その後、散布物質として、CO_2の固体であるドライアイス以外に、ヨウ化銀などが発見されたのです。

人工降雨は戦争の武器にも使われました。アメリカ軍がベトナム戦争の泥沼にはまっていたころ、ベトコンに対して雨を大量に降らせるというポパイ作戦が遂行されました。多量の雨によって、ベトコンの移動を遮るという意図です。5年間に2600機が出動してヨウ化銀を散布しました。結局、ポパイ作戦は1971年に米新聞の『ワシントン・ポスト』によってすっぱ抜かれ、激しい批判に晒(さら)されたことで取り下げになりました[7]。その後、ソ連の提案によって「敵対的環境改変禁止条約（ENMOD）」が国連でまとまります。軍事目的という限定がつきますが、気候工学に関する規制を明確に打ち出す数少ない国際条約です。

実は、21世紀でも人工降雨は世界的に広く行われています。2008年の北京オリンピックの開会式では、中国政府は事前に雨を降らせて当日の晴天を目指すために、開会式のスタジアムの周りに1100発以上のロケットでヨウ化銀を散布しました。アメリカのテキサス州では降水量の増加やひょうの抑制のために、長年にわたる取り組みがあります。タイでは干ばつ対策として国王が設立した人工降雨専門の政府部門があるほどです。海外だけではありません。日本でも2001年と2013年に、渇水対策として東京都奥多摩町(おくたままち)の小河内(おごうち)ダム周辺でヨウ化銀の煙がまかれました[8]。

関心の高い人工降雨・降雪ですが、科学の進歩によってメカニズムと同時に難しさも分かってきています。そもそも、人工的に雨を増やすためには、水蒸気が大気中にあり、なおかつ雨や雪が降っていない、もしくは、より強く降る余地がある環境が必要です。また、A／Bテストやイベント・アトリビューションの箇所で述べたように、統計的に有意な降水量の変化があるかは大量の実験が必要であり、世界気象機関の報告書は自然の変動が大きい積乱雲のような場合は難しいと指摘しています[9]。

放射改変

放射改変は原理的には長期にわたって理解されていたものの、気候変動に関するリスク認識は今ほど強くなく、またタブー視されていたために、研究者の間で盛り上がることはありませんでした。それが変わったのは2000年代になってからのことです。

放射改変の考えの源流は、米ソ冷戦時代の大規模土木工事の発想に似ているという指摘があります。[10]冷戦の核兵器開発競争の最中では、核実験も多数行われました。1954年にマグロ漁船の第五福竜丸が水爆実験によって被爆したのにも、そのような背景があります。日常茶飯事というと大袈裟ですが、常に新型核兵器が開発され、核実験が多数行われていた状況では、原子力爆弾や水素爆弾を兵器以外の目的に使おうという発想が出てきても、不思議ではありません。そもそも、ノーベル賞を設けたアルフレッド・ノーベルが発明したダイナマイトは、兵器としての用途だけではなく、トンネル建設のための土木工事の道具としても利用されていることを考えれば、爆弾の使い方が複数あるのは驚きに値しません。水素爆弾も、もちろん理論的には土木工事に使うことができます。

水爆を用いた巨大土木工事を提案した人に、水素爆弾の父と呼ばれるエドワード・テラー博士がいます。映画で水爆を愛する博士のキャラクターのモデルとしても扱われることもある博士は、冷戦下で水素爆弾を含む核兵器を積極的に支持した物理学者の一人です。長年にわたって核兵器開発の中心地であった、ローレンス・リバモア国立研究所で研究所長など重職を務めました。彼は、水素爆弾を連続的に爆発させてアラスカの地形を変え、それによって新たな湾を作るという提案をし、実際にこの提案が政府機関から認められたこともあります（ただし実施にはいたりませんでした）。

エドワード・テラー博士はキャリアの終盤の頃、地球温暖化に興味を持ち、気候工学に関する研究を行っていました。ある研究報告書では、放射改変として成層圏にエアロゾルを撒く提案をしていました。物理学者らしく、火山噴火と同じ硫酸エアロゾルでは飽きたらず、新たなナノ粒子の提案も行っています。

大規模土木工事から放射改変自体に話を変えましょう。１９７０年代には旧ソ連の気候科学者のミハイル・ブディコ博士が、成層圏エアロゾル注入を提案しました。[11] ただし、ブディコ博士は冷却が必要になる理由として、地球温暖化よりも人工廃熱を想定していました。いずれにせよ、大規模火山噴火の冷却効果（「日傘効果」と呼ばれる）をまねて、成層圏エアロゾル注入を行えば、地球全体を冷やすことも可能だと指摘していました。

「ジオエンジニアリング（geoengineering）」という言葉は、１９７７年に初めて気候変動の文脈で使われました。オーストリアにある国際応用システム分析研究所（ＩＩＡＳＡ）のマルケッティ博士は、国際学術誌『クライマティック・チェンジ』の論文において、海洋中にCO_2を吸収する技術を提案し、これを英語でgeoengineeringと呼びました。[12] これ以降、徐々にgeoengineeringは、地球全体の気候を改変する気候工学を指す言葉として使われるようになります。なお、『クライマティック・チェンジ』は気候変動問題を幅広く扱う学術誌ですが、気候工学を特集号で何度も扱い、気候工学研究において重要な学術誌として役割を果たすことになります。

アメリカでも少しずつ科学的知見の蓄積が進みました。１９９２年に全米科学アカデミーは、地球温暖化対策に関する包括的なレポートを公表しました[13]。全部で９００頁を超え、36章もある分厚い報告書のうち、一章は気候工学に割かれており、そこでは放射改変およびCO_2除去のどちらもカバーされています。しかし、執筆過程では多くの委員が慎重な態度を示していました。この時、報告書の執筆者の一人、ハーバード大学のロバート・フロッシュ博士が、関係者を「急激な気候変動が起きそうになった時、実際に気候工学しか選択肢がなくなる」と説得して回りました[14]。その結果、報告書の中では、成層圏エアロゾル注入や宇宙太陽光シールド、雲の白色化や海洋肥沃化などの対策がカバーされました。

１９９６年には『クライマティック・チェンジ』で気候工学に関する特集が組まれました[15]。この学術誌は学際的であり、掲載された6本の論文は技術的側面から倫理的問題、国際的なガバナンスの問題など広くカバーしており、社会的・倫理的な問題が絶えず議論されてきたことが見て取れます。そのうちガバナンスについては、２００５年のノーベル経済学賞受賞者のトーマス・シェリングも寄稿していました。

タブーを破ったクルッツェン論考

気候工学研究の分水嶺といえるのは、この10年後の２００６年に出る同じく『クライマティック・チェンジ』の特集です。オランダ人のノーベル化学賞受賞者、パウル・クルッツェン博士が書いた、「深刻化する気候変動のリスクを踏まえると、気候工学の研究も必要である」とする論考が掲載されたのです[16]。

クルッツェン博士は、フロンによる成層圏オゾン層の破壊メカニズムを明らかにして1995年にノーベル化学賞を受賞した人です[17]。オゾン層破壊だけでなく様々な環境分野に功績を残した人であり、人類の環境影響が大きくなり地質学的にも確認できるほどになってきているとする人新世という概念も提案しています[18]。

論文が公表される前の年にクルッツェン博士から原稿を受け取った、ドイツのマックスプランク研究所の同僚であったマインラット・アンドレイ博士は、論文の発表を控えることを促しました。クルッツェン博士のような権威のある人が、気候工学を慎重ながらも支持するような論文を発表すると、この技術にお墨付きを与えることになり、政治家やメディアが一斉に飛びつく可能性を懸念したのでした[19]。議論は長く続きましたが、結局副作用などについて加筆することによって、この論考は公刊されました。また、クルッツェン論文と同じ号に5つの他の論考も発表され、批判的な意見も同時に発表されました[20]。

その後、2009年にイギリスの科学アカデミーであるイギリス王立協会が、気候工学についての包括的な報告書を発表しました。タイトルは「気候のジオエンジニアリング――科学、ガバナンス、不確実性[21]」であり、自然科学から技術的側面、法律的側面から倫理、ガバナンスと幅広いトピックを押さえました。放射改変とCO_2除去という言葉を定着させたのはこの報告書です。

この報告書では、気候工学の実施にあたってもっとも困難なのは、科学や技術ではなく、倫理的、法的、社会的な課題やこれに関連するガバナンスであるとも指摘しました。

クルッツェン博士の論考とイギリス王立協会の報告書によって、この分野にあったタブーは打ち破られ、自然科学、社会科学の研究が大幅に伸びていきました。２０１０年には気候モデルの国際共同研究プロジェクト「ジオエンジニアリング・モデル相互比較プロジェクト（ＧｅｏＭＩＰ）」が始まりました。[22] 今では気候工学に関する気候モデル（地球システムモデル）研究は、ＩＰＣＣの報告書でも一定の紙面を割いてレビューされるようになってきています。進展したのは自然科学だけではありません。２０１６年に全米地球物理学連合（ＡＧＵ）の学際的学術誌『アースズ・フューチャー』に「クルッツェン論文から10年」というタイトルの特集が組まれました。[23] そこでは、多くの社会科学的研究についても報告がありました。公衆関与に関する論文を振り返ると、放射改変については30本ほどの報告や研究があったといいます。[24]

このように、気候工学は社会科学と自然科学が同時並行的に伸びてきた分野ですが、他の活発な研究分野と比べると、その進展は遅いです。現代社会には、人工知能やバイオテクノロジーのように目を見張るような技術分野もありますが、気候工学は研究者も少なく、着実にゆっくりと進展しているという言い方の方が正しいでしょう。

海洋肥沃化の科学とベンチャー

放射改変については述べましたが、CO_2除去についてもその経緯を振り返りましょう。特に、海洋肥沃化と二酸化炭素回収貯留（carbon dioxide capture and storage, CCS）付きバイオマス・エネルギーという技術に注目したいと思います。

大気からCO_2を取る際に、手っ取り早いのは植林です。小学生の理科でも習うように、植物は光合成で太陽光と大気中のCO_2と水分を元に炭水化物を生成するのであり、これにより大気中のCO_2を変換することができます。もちろん、生態系の光合成促進は陸域だけでなく海洋でも可能です。海洋でも非常に沢山の光合成がおこなわれています。

ただ、当然植物の生育には肥料が必要です。細かく見ると、肥料には窒素、リン酸、またカリウムのような大量に必要なもの（多量養素）と、鉄などのミネラルのような微量の栄養素（微量養素）があります。後者は、人間で言えば健康増進のためのサプリのようなものです。もちろん、肥料は土壌や海洋に欠けている分を散布すればいいのであり、どれが欠けているかが重要な視点になります。例えば、鉄が不足している海域には鉄を散布すればCO_2除去になります。

ジョン・マーティン博士はCO_2除去としての海洋鉄散布を実際に海洋で確かめた科学者でした。[25] 海洋の微量金属の研究で名をはせ、アメリカ・カリフォルニア州のモス・ランディングにあるモス・ランディング海洋研究所の所長を18年も務めた彼は、様々な海洋での観測プロジェクトなどに関わってきました。もっとも有名なのは、微量養素である鉄の不足が一部の海洋の光合成を抑制している、という鉄仮説です。彼は1988年に世界的に有名なウッズホール海洋研究所のセミナーで、水爆を愛する博士のキャラクターの喋り方を真似してこう語りました。「鉄をタンカー半分ほどくれれば、世界を氷河期にしてみせる」、と。

海洋には大量の多量養素があるにもかかわらず植物性プランクトンが盛んでない場所があり、その理由はわかっていませんでした。これは、長年海洋科学の未解決問題だったのです。彼は、この光合成の不足の原因は鉄である、と仮説を立てました。そして、これを実際に試すには海に出向いて鉄を撒いてみると分かるだろう、と主張しました。鉄散布実験の始まりです。

最初は南極でした。南極の海から採取した海水に鉄分を加え、加えなかったものと比較したところ、鉄分ありの海水で葉緑素が増えたのです。しかし、この結果に対する批判もあったために、彼と共同研究者は実際に海洋に鉄を散布する実験を1993年に行いました。彼自身はその結果を見ることなく逝去するのですが、鉄散布によって光合成が促進されたことは観測されました。

マーティン博士が行なった1993年の最初の実験から、世界中で海洋鉄散布実験が10回以上行われました[26]。日本の研究チームが先導したプロジェクトもあり、この結果は国際科学誌『サイエンス』に報告されています。こうした結果をまとめると、鉄の散布は確かに光合成を促進したことが分かりました。しかし同時に、増えた植物性プランクトンが深海に沈むまでに分解するなどして、CO_2を取る大きさは当初より低いことも分かってきました。つまり、タンカー半分の鉄分で氷河期が起きるほど劇的なものではなく、その点マーティン博士は言い過ぎだったかもしれません。いずれにせよ、科学としては着実に進展していきましたが、1997年に合意された地球温暖化対策の国際枠組みである京都議定書によって、炭素市場（カーボンマーケット）ができるのではないかと期待が高まり、これによって鉄散布は研究が下火になるという不運な運命を迎えます。

海洋鉄散布においては、しばしば問題も起きてきました。有名な問題事例はアメリカの起業家のラス・ジョージ氏の取り組みです。京都議定書の成立を受けて炭素マーケットが関心を呼んでいたころ、彼が起業したプランクトスという会社はヨーロッパの炭素市場より安い価格で海洋鉄散布をすることで、炭素クレジット販売を企んでいました。プランクトスは２００７年に海洋鉄散布実験を計画しました。しかし、フロリダから出た同社の船は、寄港先で毒物を廃棄すると疑われ停泊できず、それにより船員の食料が底をつき、実験をキャンセルせざるを得なくなりました。[27]また、彼の名前は２０１２年に再度メディアに躍り出ます。カナダ西岸のハイダ・グワイ島で、減少してきたサケを鉄散布によって増やすというプロジェクトで、科学アドバイザーを務めたのです。この実験は正当な科学的研究とはいいがたく、気候工学に関する国際条約や倫理規範に反しているという指摘もあります。[28]

ＩＰＣＣ報告書で主流化したＣＣＳ付きバイオマス・エネルギー

CO_2除去のもう一つの技術、ＣＣＳ付きバイオマス・エネルギー（bioenergy with CCS, BECCS）は少し違った文脈から登場します。木材や廃棄物などのバイオマスを発電や自動車などの燃料に利用するバイオマス・エネルギーは、長年にわたって地球温暖化対策に貢献することが認識されてきました。バイオマスを燃焼させてエネルギーとして使う場合にはCO_2が出ますが、このCO_2の中の炭素分は光合成で大気から吸収されたものであり、燃やしてももともと大気にあったCO_2が大気に戻るだけなので、差し引きゼロだからです。一方で、化石燃料を環境にやさしい形で使うCCSも国際的に関心を集めてきました。CCSは大規模発電所や鉄鋼を生産する高炉などの煙突にCO_2を回収する装置を設置し、CO_2のみ空気から分離し、圧縮して地中に埋める技術です。国際的な科学機関であるIPCCを見ても、後者については2005年に、前者については（バイオマスに限らず広く再生可能エネルギーについて）2011年に特別報告書が公表されています。[29]

先にも述べたように、2015年に合意されたパリ協定では、長期的に気温上昇を2℃より十分に低い水準に抑え、また1・5℃までに抑える努力をするという目標が掲げられました。第1章で見たように気候変動に関するリスク認識は年々高まってきています。しかし、CO_2を減らす側でいえば、困難さが広く共有されていました。2000年代初頭の、地球温暖化対策の未来の道筋（シナリオ）を計算して対策を評価するコンピューターのソフトウェアである統合評価モデルにおいては、2℃への到達の道筋を示すことも難しく、まして1・5℃は不可能に近かったのです。これについて、複数の研究者が悩んでいました。オーストリア・ウィーン近郊の国際応用システム分析研究所（IIASA）ミヒャエル・オバーシュタイナー博士はその一人です。ある時、彼は学会でスウェーデンの大学院生ケネス・メレルステンの発表を聞いて、バイオマス・エネルギーとCCSを組み合わせることを思いつきました。[30] エネルギーを利用して排出されるCO_2を大気に出る前に回収し、貯留すれば、光合成で取り込まれた炭素分が貯留されることになり、正味で大気からCO_2を除去できることになります。その後2人は多くの研究者を巻き込んで論考を書き、2001年に国際科学誌『サイエンス』に掲載されることになります。[31]

ＣＣＳ付きバイオマス・エネルギーは新しい技術でしたが、もともと統合評価モデルでは、バイオマス技術とＣＣＳという「部品」は別々に組み込まれていました。これらを組み合わせればＣＣＳ付きバイオマス・エネルギーになるわけであり、パラメータの調整は必要ですが、モデル研究者にとって完全に異質なものではなかったともいえます。CO_2除去には実に沢山の種類があるのに、ＣＣＳ付きバイオマス・エネルギーが突出してモデルに取り込まれている理由は、すでに「部品」がモデルに取り込まれていたことが一因でしょう。現在ＩＰＣＣで扱われる国際的なモデルのシナリオ分析では、この技術は当然のものとして扱われています。

２０１４年のＩＰＣＣの第５次評価報告書でも、ＣＣＳ付きバイオマス・エネルギーが大量に利用され、21世紀後半に大気からCO_2を回収するシナリオが多く描かれることになりました。これ以降、ＣＣＳ付きバイオマス・エネルギーについて、論争が起きることになります。例えば、エネルギー用のバイオマスの生産が進むと、食料生産や生物多様性に悪影響が及ぶ懸念が指摘されています。また、21世紀後半のCO_2除去は、本来の地球温暖化対策の先送りだという指摘もあります。さらに、社会的な問題の認識と同時に、研究開発の必要性も指摘されています。それを受けて、全米科学アカデミーでは２０１９年にCO_2除去の研究開発戦略を公表し、そこではＣＣＳ付きバイオマス・エネルギーにも紙面を多く割いています[32]。

なお、気候工学とは異なりますが、似たような概念にテラフォーミングがあります。テラはラテン語で土や大地、地球を意味し、フォーミングは形成という意味ですから、地球形成という意味です。１９６１年にカール・セーガン博士が国際科学誌『サイエンス』で金星の解説を書いたときに、その末尾に金星を人間が住めるように「地球化」（地球のように金星を変えてしまう）するというアイデアを提案し、それ以降科学者の間でも議論されるようになってきました（セーガン博士自身は「惑星工学 planetary engineering」という言葉を使っていました）[33]。テラフォーミング研究の面白いところは、倫理的な研究などが早い段階から始まっていたことです。気候工学研究は、２０００年代になるまで、圧倒的に科学技術的検討にとどまっていました。いまのところ主流とは呼べない研究領域ですが、各国で宇宙開発への関心が高まる中、今後よりテラフォーミングに関心が集まるかもしれません。

1 Royal Society (2009) を参考にしています。

2 Guardian News & Media (2020) Scientists trial cloud brightening equipment to shade and cool Great Barrier Reef. The Guardian. Retrieved on November 16, 2020, from https://www.theguardian.com/environment/2020/apr/17/scientists-trial-cloud-brightening-equipment-to-shade-and-cool-great-barrier-reef

3 Reef Restoration and Adaptation Program (2020) Why do we need to help the reef?. The Program. Retrieved on November 16, 2020, from https://gbrrestoration.org/the-program/

4 Boettcher, M. & Schäfer, S. (2017) Reflecting upon 10 years of geoengineering research:

Introduction to the Crutzen＋10 special issue. Earth's Future, 5(3), 266-277.
https://doi.org/10.1002/2016EF000521

5 Fleming, J. R. (2010). Fixing the Sky: The Checkered History of Weather and Climate Control. Columbia University Press.

6 Kean, S. (2017, Sep. 6). The Chemist Who Thought He Could Harness Hurricanes. The Atlantic.
https://www.theatlantic.com/science/archive/2017/09/weather-wars-cloud-seeding/538392/

7 Fleming, J. R. (2007, Spring). The climate engineers. Wilson Quarterly.
http://archive.wilsonquarterly.com/essays/climate-engineers

8 日本経済新聞社（２０１３年８月20日）「人工降雨装置、12年ぶり稼働　東京都が渇水対策」『日本経済新聞』
https://www.nikkei.com/article/DGXNASDG1903K_Z10C13A8CC1000/（２０２０年11月16日アクセス）

9 Flossmann, A. I., Manton, M., Abshaev, A., Bruintjes, R., Murakami, M., Prabhakaran, T., Yao, Z. (2018). Peer Review Report on Global Precipitation Enhancement Activities. World Meteorological Organization (WMO).
https://library.wmo.int/doc_num.php?explnum_id=9945

10 Fleming,J.R.(2010).Fixing the Sky:The Checkered History of Weather and Climate Control. Columbia University Press.

11 Budyko.M.I.(1976). 気候の変化（内嶋善兵衛・岩切敏訳）日本イリゲーションクラブ

12 Marchetti, C. (1977). On geoengineering and the CO_2 problem. Climatic Change, 1, 59-68.
https://doi.org/10.1007/BF00162777

13 Institute of Medicine, National Academy of Sciences, National Academy of Engineering. (1992). Policy Implications of Greenhouse Warming: Mitigation, Adaptation, and the Science Base. The National Academies Press.
https://doi.org/10.17226/1605

14 Schneider, S. H. (2001). Earth systems engineering and management. Nature, 409(6818), 417-420.
https://doi.org/10.1038/35053203

15 Climatic Change 誌第33巻3号の目次。
https://link.springer.com/journal/10584/volumes-and-issues/33-3

16 Crutzen, P. J. (2006). Albedo enhancement by stratospheric sulfur injections: A contribution to resolve a policy dilemma?. Climatic Change, 77(3-4), 211.
https://doi.org/10.1007/s10584-006-9101-y

17 マリオ・モリーナ博士とシャーウッド・ローランド博士と共同受賞。

18 Crutzen,P.J.(2002).Geology of mankind.Nature,415,23.
https://doi.org/10.1038/415023a

19 Kintisch, E. (2010). Hack the planet : science's best hope, or worst nightmare, for averting climate catastrophe. John Wiley & Sons. (第４章)

20 Climatic Change 誌ホームページ。
https://link.springer.com/journal/10584/volumes-and-issues/77-3

21 Shepherd, J. G., et al. (2009). Geoengineering the climate: Science, governance and uncertainty. Royal Society.

22 Kravitz, B. (2020, June 30) TEN YEARS OF GEOMIP. Harvard's Solar Geoengineering Research Program. Retrieved on November 16, 2020, from https://geoengineering.environment.harvard.edu/blog/ten-years-geomip

23 Boettcher, M. & Schäfer, S. (2017) Reflecting upon 10 years of geoengineering research: Introduction to the Crutzen＋10 special issue. Earth's Future, 5(3). 266-277. https://doi.org/10.1002/2016EF000521（オンラインの学術誌のため論文ごとに刊行時期が異なります。ほとんどの論文は2016年に公表されていますが、巻頭言は2017年公表でした）

24 Burns, E. T., Flegal, J. A., Keith, D. W., Mahajan, A., Tingley, D., & Wagner, G. (2016). What do people think when they think about solar geoengineering? A review of empirical social science literature, and prospects for future research. Earth's Future, 4(11), 536-542. https://doi.org/10.1002/2016EF000461

25 Weier, J. (2001, July 10). John Martin (1935-1993). The Earth Observatory, NASA. https://earthobservatory.nasa.gov/features/Martin/martin.php

26 Boyd, P. W., et al. (2007). Mesoscale iron enrichment experiments 1993-2005: synthesis and future directions. science, 315(5812), 612-617. https://doi.org/10.1126/science.1131669

27 Kintisch, E. (2010) Hack the planet: Science's best hope - or worst nightmare - for averting climate catastrophe. Wiley.（第7章）

28 Fountain, H. (2012) A Rogue Climate Experiment Outrages Scientists. The New York Times. https://www.nytimes.com/2012/10/19/science/earth/iron-dumping-experiment-in-pacific-alarms-marine-experts.html

29 IPCC (Intergovernmental Panel on Climate Change). (2011). Renewable Energy Sources and Climate Change Mitigation. (Edenhofer, O., Pichs-Madruga, R., Sokona, Y., Seyboth, K., Matschoss, P., Kadner, S., Zwickel, T., Eickemeier, P., Hansen, G., Schlömer, S., von Stechow, C.(Eds.) Cambridge University Press

30 Hickman, L. (2016) Timeline: How BECCS became climate change's 'saviour' technology. Carbon Brief. Retrieved on November 16, 2020, from https://www.carbonbrief.org/beccs-the-story-of-climate-changes-saviour-technology

31 Obersteiner, M., et al. (2001). Managing climate risk. Science, 294, 786-787. https://doi.org/10.1126/science.294.5543.786b

32 National Academy of Sciences (2019) Negative Emissions Technologies and Reliable Sequestration, Consensus Study Report. Retrieved from https://doi.org/10.17226/25259

33 Sagan, C. (1961). The planet Venus. Science, 133(3456), 849-858. https://www.jstor.org/stable/1706530

第4章

CO_2除去（CDR）

4-1 様々なCO_2除去

生物資源を活用するCO_2除去

前章では、気候工学の位置づけについて説明しましたが、この章ではその中でも特にCO_2除去について解説します。

繰返しですが、CO_2除去は異なる様々な手法の総称です。一つ一つはなかなか理解がしにくいですが、原理で分類すると分かりやすいです（表参照[1]）。ここでは、木材や土壌などのバイオマスを活用する手法、自然の無機化学反応を利用する手法（化学風化の促進、海洋のアルカリ性化など）、また工学的な手法（直接空気回収）に分けて、原理から考えています。

最初の種類は生物の吸収を活用する手法です。植物は光合成によって大気中のCO_2を回収し、炭素分として体内に取り込んでいます。何もしなければ取り込まれた炭素は植物が分解されることによって大気に戻ってしまいますが、これを大気に排出されないように長期的に保存できれば

分類	具体的な手法の例
光合成などの生物活動を活用する手法	植林、土地利用改善、バイオ炭、 CCS付きバイオマス・エネルギー 海洋の肥沃化
自然の無機化学反応を利用する手法	化学風化の促進 海洋のアルカリ性化
工学的な回収方法	化学工学的CO_2直接空気回収

CO_2除去の分類

CO_2除去になります。気候工学の歴史の節（３－２）で述べた鉄散布による海洋肥沃化もこの原理に基づきます。海洋に栄養分である鉄を散布することで、光合成を促進するのです。

保存の仕方は実に様々な方法が考えられます。植林をして森林を育てて炭素を吸収し、そのまま保つことも有用です。ただし、樹林が成長しているときだけ吸収していることに注意が必要です。育てた木材などを空気なしで加熱して、炭を作り保存するのも一つの方法です。炭（バイオ炭）にすることで、分解されることもなく長期的に保存ができるようになります。

より込み入った方法は、ＣＣＳ付きバイオマス・エネルギー（ＢＥＣＣＳ）です。バイオマスをエネルギーとして使う場合、発電所でバイオマスを燃やしたり、バイオマスをバイオエタノール製造のために発酵させたりする際に、バイオマスの炭素分がCO_2となって大気に排出されます。これをＣＣＳで回収・貯留することで、CO_2除去できることは、歴史の節で述べた通りです。大規模プラントとしては、アメリカ・イリノイ州ディケーターにあるバイオエタノール製造のＣＣＳ（CO_2年間回収量１００万トン）が稼働中です[3]。また、イギリスの発電会社のドラックス・グループは、２０３０年にＢＥＣＣＳを用いて会社のCO_2排出量を負にすることを謳っています[4]。

なお、バイオマス生産の増強は陸地に限られません。歴史の項目でもすでに述べましたが、海洋の光合成を促すこともできます。海洋に微量栄養素である鉄分を散布し、光合成を促進することは、実験でも確かめられてきました。

一方、バイオマスを利用する手法には、大きく2つの問題があるといえます。第1の問題点はそもそも大規模に拡大できるかという問題です。植林、バイオマス・エネルギー利用、バイオ炭の利用は世界中で普通に行われています。一方、シナリオで要求される水準は非常に大規模です。IPCCのシナリオでは、大規模植林とCCS付きバイオマス・エネルギーが非常によく出てきます。第3章で説明したように、こうしたシナリオは統合評価モデルによって計算されていますが、植林とCCS付きバイオマス・エネルギーは年間数十億トンから200億トンの規模のCO_2を回収することが見込まれています。2019年の世界のCO_2排出量が約400億ですから、最大でその半分に迫る量を大気から回収しないといけないのです。

バイオマスを利用する手法の第2の問題点は、第1の点にも絡むのですが、大規模化したときに社会的な問題や環境的な副作用が生じないかという問題です。日本でも毎年全国植樹祭が開催され天皇皇后両陛下がお手植えをしたり、関係者が植樹をしたりしていますが[5]、ここで話している規模はそれらとは異なり、非常に大きいものです。どれくらい大規模かといえば、ある計算ではインドの2つ分の面積をバイオマスの生産に充てるということですから、農業に使えるはずだった土地を奪ったりして食料価格を上昇させる可能性が考えられます。また、本来であれば土地固有の種の木が植えられるべきところ、成長が速い単一種に置き換えられることで、生態系の破壊を引き起こす懸念があります。

工学的手法・無機化学的回収手法

バイオマス以外にも様々なCO_2除去の手法があります。化学工業的CO_2直接空気回収・貯留（direct air capture, DAC または direct air carbon capture and storage, DACCS）は、CCSを活用する点では上の技術と同じですが、バイオマスではなく、吸収液や吸着剤を用いて直接大気からCO_2を回収します。既に世界では複数のスタートアップ企業（クライムワークス、グローバル・サーモスタット、カーボン・エンジニアリングなど）が実証プラントを建設・運用中です。副作用が少ないと考えられますが、CO_2除去の中ではコストが高い方だと考えられています。

工学的な方法に完全に依存するのではなく、自然のメカニズムを活用する手法もあります。その一つが、岩石を砕いて土に撒くという手法です。数十万年～数百万年という地質学的時間スケールでは、大気中のCO_2濃度は、火成活動と、岩石とCO_2の反応による化学風化によって決まります。このプロセスを加速させることで、CO_2除去として活用するのが風化の増強／加速です。岩石を砕き土地に散布することで、化学風化の加速ができると考えられていますが、必要な岩石量が膨大になるとも指摘されています。

4-2 CCS付きバイオマス・エネルギー

光合成で取り込んだ炭素を地中に埋める

このように、様々な手法があるCO_2除去ですが、その多くは理論的な論文にとどまっています。しかし、いくつかの技術については実証実験が進みつつあります。以下では、CCS付きバイオマス・エネルギーとCO_2直接空気回収について詳述します。

すでに説明したようにパリ協定の目標達成シナリオでは、BECCSは重要なオプションになっています。2014年に公表されたIPCCの報告書に書かれている1000を超えるシナリオを分析すると、2℃を十分に下回る水準に抑える多くのシナリオでは、2100年の世界の一次エネルギー供給の10%~30%がBECCSになるといわれています。[6]

バイオマス・エネルギーはすでに世界中で利用されています。非常に大規模な例としては、ブラジルでサトウキビを原料としたバイオエタノールがガソリンに混合されていたり、直接販売されていたりします。アメリカでも同じようにバイオ燃料が混合されたガソリンが販売されています。この両国では、バイオエタノールが入っている燃料で走れる車がかなり普及しています。[7] また、バイオマスを燃やして電力を発電するバイオマス発電所も世界中で見られます。日本でも再生可能エネルギーを推進する固定価格買取制度（FIT）があり、バイオマス発電もゆっくりですが広がりつつあります。2019年度では、総発電量の2・6％を占めています[8]。

CCSも技術的には確立しています。ノルウェーでは、北海にあるスライプナー天然ガス田において、炭素税を回避するために、1996年から年間約100万トンのペースでCO_2が海底の地中に埋められています[9]。アメリカでも、CO_2を油井に注入して石油の回収を促進する、石油増進回収（enhanced oil recovery）が様々な場所でなされています。広がりは遅く十分ではないですが、実際に存在する技術であることは事実です。

BECCSに戻りましょう。このすでにある2つの技術（バイオマス・エネルギーとCCS）を組み合わせればBECCSができます。実際にプラントを作るにしても、エネルギー・シナリオを計算する統合評価モデル上でもそこまで難しいことではありません。

一方で、この技術が、安価で、大規模に使え、なおかつ環境にやさしく社会問題を引き起こさないのかどうか、これは簡単な問題ではありません。実は、すでにバイオマス・エネルギーは社会的問題を引き起こしています。2007年のメキシコでは主食のトルティーヤの値段が高騰し、暴動が起きました。その理由はトウモロコシを生産しているアメリカで政策的にバイオ燃料生産が増え、食料用に割り当てられたトウモロコシが減少したからと言われます。また、バイオマス・エネルギーの拡大に伴う問題もあります。日本でも木材を利用するより輸入バイオマスを利用した方がいいということで、ベトナム、インドネシアからの輸入が増えつつあります。しかし、輸入するときには化石燃料を燃やして船を動かすのですから、日本に運んでくるだけでCO_2が排出されます。このように、バイオマスだからといって環境にやさしいとは一概に言えないという事態も起きています。

発電会社がCO_2の排出量をマイナスに

BECCSの活用例として、イギリスの電力会社ドラックス・グループが進めているCCS付きバイオマス発電所の計画を見てみましょう。これは、大気にCO_2を出すのではなく、大気からCO_2を取る発電所であり、商用では世界初となる見込みのものです[10]。既に述べたようにドラックス・グループは2030年までに、CO_2排出量をゼロにとどまらずマイナスにするという目標を世界で最初に打ち出しています。石炭火力発電が中心であった電源構成をバイオマス中心に切り替えたことで、発電量当たりのCO_2排出量（排出原単位）は2013年に比べて85％も減少しています。彼らはイギリスで有数の再生可能エネルギー事業者であり、2021年3月には石炭の使用を止める計画も公表しています。

ただ、バイオマス発電や再生可能エネルギーに切り替えるだけでは、CO_2の排出量はゼロになったとしても、マイナスにはなりません。そこで、CCS付きバイオマス発電の出番です。具体的にはリーズの近郊にある、会社の名前と同じドラックス発電所でこの技術を導入するというのです。CCSの回収貯留技術には、三菱重工と関西電力が共同開発した技術が使われる予定です。また、ドラックス発電所が燃やすバイオマスの一部は、アメリカのルイジアナ州とミシシッピ州でドラックス・グループの子会社が生産しています。彼らは、圧縮されたバイオマスであるペレットを生産する工場を3つ保有しており、持続可能な形でバイオマス生産が進められるようになっているといいます。こうしたバイオマスを、大西洋を渡って運び込み、ＢＥＣＣＳの発電所で利用するのです。

既にＣＯ２除去の必要な規模について述べましたが、地球の気温上昇を１・５℃に抑えるためには、年間10億トン規模のＣＯ２の回収が必要になります。仮に１つの発電所でＣＯ２を年間１００万トン回収したとしても１０００か所でこのような取り組みをして、ようやく10億トンになります。ドラックスは最初の素晴らしい試みかもしれませんが、いかにこれから急速に拡大しなければいけないかがわかっていただけるのではないでしょうか。

なお、この手法に対して、環境ＮＧＯでは反対しているところもあります。彼らは、大量のバイオマスを供給するためには、広い面積の森林が伐採されなければいけないことを指摘しています。ドラックス・グループは、利用するバイオマス・エネルギーは持続可能な方法で生産していると述べていますが、もし今後ＣＣＳ付きバイオマス・エネルギーを稼働させる会社が増えるのであれば、どの国であっても持続可能性基準を満たすことができるかどうかが問われるでしょう。これもなかなか難しい問題です。

4-3 直接空気回収

CCS付きバイオマス・エネルギーは自然に依存する仕組みでしたが、もっと技術的に解決する方法はないのでしょうか。

宇宙ステーションでも使われる空気からのCO_2回収装置

実は、技術的に大気からCO_2を除去するという方法は存在します。直接空気回収と呼ばれる手法で、例えばアルカリ性の物質を使い、弱酸性のCO_2を回収するというものです。長年にわたって閉鎖空間のCO_2濃度低減のために利用されてきました。原子力潜水艦や国際宇宙ステーションでは、長期にわたって閉鎖空間で人間が生活します。人は呼吸のために酸素を吸い、CO_2を吐き出す必要性があります。こうした閉鎖空間では（電気分解などによる酸素生成装置で）酸素は常に供給されますが、人が出し続けるCO_2はたまる一方であり、濃度が高くなり過ぎると人への健康と生命に影響を及ぼしかねません。そこで直接空気回収を用いてCO_2濃度を低下させるのです。

しかし、原子力潜水艦や国際宇宙ステーションと、誰もが触れる大気では規模や使える予算は全く違います。国際宇宙ステーションに滞在するのは普通3〜6人です。[11] しかし、70億人以上の人口が、呼吸だけでなく化石燃料や森林伐採で出すCO_2の量となると、比較にならないほど多いです。また、潜水艦も宇宙ステーションも、国家の威信がかかった一大プロジェクトであり、乗組員一人あたりに費やす予算は大きくなります。これに対して、日本国民全員どころか世界中の人々全員を対象にする技術は、安価でないと成立しません。

CO_2以外でも、大気から物質を回収するのは、決して夢物語ではなく日常茶飯事に行われています。例えば、現代の農業では化学肥料は（量は別としてほぼ）必須ですが、この肥料に含まれる窒素の多くは大気から回収されたものです。ハーバー・ボッシュ法と呼ばれる化学反応によって大気の窒素と水素からアンモニアが作られ、窒素肥料が作られているのです。

しかし、窒素は大気の中で78%を占める、豊富な分子です。一方でCO_2は大気中で０・０４%でしかありません。これでは、技術的にCO_2を回収できたとしても法外な金額になり、とても地球温暖化対策として使えないことが予想されます。実際、少し前のことになりますが、私自身大気からCO_2を回収する話をすると、工学者からは非効率でエネルギーがかかるので、発電所や工場の煙突からCO_2を取るべきだという批判を受けました。しかし、直接空気回収の効率は思ったより悪くありません。熱力学的に言えば、必要なエネルギー量など、その困難さは濃度の対数に依存します。誤解を恐れずに簡単に言ってしまえば、78÷０・０４＝１９５０倍のエネルギーがかかるのではなく、１９５０＝１・９５×10^3の指数３に依存し、数倍のエネルギーで済みます。[12] しかし、それでも難しいことには変わりはありません。

安価なCO_2直接空気回収に挑戦するベンチャー

そこでベンチャー会社の出番です。世界には、直接空気回収の技術を開発しているスタートアップ企業が数社あります。その中でも、スイスのクライムワークス、カナダのカーボン・エンジニアリング、アメリカのグローバル・サーモスタットが有名です。カーボン・エンジニアリングはハーバード大学のデビッド・キース教授らが創設したベンチャーで、マイクロソフト創業者のビル・ゲイツ氏からも資金を得てきました。[13]

ここでは、スイスのベンチャー企業であるクライムワークスの例を詳しく見ていきたいと思います。クライムワークスは、2009年にスイス連邦工科大学チューリッヒ校で研究開発された技術に基づいて創業されました。[14] 大学院生だったクリストフ・ゲバルドとヤン・ヴルツバッハーは、ウィンタースポーツが好きで友達になりましたが、2人はアルプスの山脈で、融解する氷河をみて心を悩ませていました。そこで、機械工学を専攻していた2人はCO_2を回収する技術の研究を始めます。これがクライムワークスの始まりです。

クライムワークスのCO_2直接空気回収システムは、プラントとしては比較的小さな部品を組み合わせてできています。一つ一つの回収機の一日のCO_2回収量は約0・14トンですが、これを多数組み合わせることで回収します。ファンで空気を通過させ、吸着剤がCO_2を回収し、その後100℃程度の熱を加えることでCO_2を脱離します。

クライムワークスの最初の実証機は、スイス・チューリッヒ郊外にあります（写真）。201

7年から稼働しているこの機械は、モジュールを組み合わせて、一日に2・46トン、年間900トンの回収を行っています。ごみ焼却施設の屋根に設置されているため焼却場からの排熱を活用しており、回収したCO_2は近くの温室に供給しています。CO_2は光合成の元ですから、CO_2濃度を増加させると農作物の成長が促進されるのです。

チューリッヒ郊外にあるクライムワークス社の CO_2 回収機（写真提供：Climeworks 社）

クライムワークスは様々なビジネスも展開しています。スイスのコカ・コーラは炭酸飲料にクライムワークスが回収したCO_2を使っていますし、[15]また個人向けにCO_2の「排出削減量」を販売しています。購入量の分だけクライムワークスが大気からCO_2を吸収してくれます。2020年現在、国際学会はキャンセル続きで私自身飛行機に乗る機会もありませんが、飛行機に乗ればジェット燃料を燃やしてCO_2は排出されます。こうして出たCO_2を個人がクライムワークスを通じて帳消しにできるというわけです。毎月7ユーロからのパッケージで、年間85キログラムのCO_2を吸収できます。[16]

他にも、クライムワークスは様々な欧州連合の研究開発プロジェクトに参加しています。面白いのはアイスランドで実験中のプロジェクトです[17]。アイスランドのエネルギー公益事業会社レイキャビク・エナジーの子会社カーブフィクスが進めているこのプロジェクトは、数百メートルの地中にCO_2を注入し、化学反応でCO_2が2年程度で鉱物化することを確かめました。2016年にその結果は国際科学誌『サイエンス』に公表され、2017年からはクライムワークスのCO_2回収機が50トン／年と、小型ながら実証実験として動いています。アイスランドの豊富な地熱エネルギーを活用してクライムワークスの回収機を動かし、大気から回収されたCO_2を地中に注入しているのです。現在、さらに拡大予定とのことです。

さらに、大気から回収したCO_2で、飛行機などに使える液体燃料を作るプロジェクトにも関わっています。太陽光発電や風力発電は急速に世界で広まっていますが、これらは発電技術です。電気はそのまま燃料としては使えませんが、電気があれば水を電気分解することで水素を作ることができます。しかし、問題はどこから炭素を取るかです。ここで、大気からCO_2を回収できれば、水素と組み合わせることで炭化水素ができ、さらに燃料などに変換することができます。また、CO_2を回収する際に必要なエネルギーも、再生可能エネルギーを使えば、100%クリーンなエネルギーで燃料を作ることができます。この電力を液体燃料に変換する技術開発のプロジェクトはノルウェーで行われていますが、これにクライムワークスは参加しており、CO_2を提供する役割を担うことになっています。なお、このように回収したCO_2を化学反応で変換して再利用する場合は、最終的にCO_2は再び大気へと戻り、ぐるぐると循環することになります。

地中に埋めたりしなければ、大気のCO_2濃度は減らないことに注意してください。

クライムワークスの目的は壮大で、彼らは2025年までに世界のCO_2排出量の1％を吸収する目標を立てていました[18]。現在の年間CO_2排出量が約400億トンの規模なので、この目標のもとでは、1％は4億トンにもなります。チューリッヒ郊外の回収機は年間回収量が900トンなので、世界の1％に達するには、現在の規模よりも40万倍以上に拡大する必要があります。そんなに早いスピードで事業を拡大できるのか、またクリーンなエネルギーをどのように供給するのか、問題は山積しています。コストの面でも大きな不確実性があります。クライムワークスによれば、2年前のコストは1トン回収するのに600ドルでしたが、今後さらにコストが低下して100ドル程度になると公言しています[19]。これが本当に下がるのか、また仮に下がるとしても十分な速さでコストが下がるのか、注視していく必要性があります。

将来にはさらに大きな問題が生じるかもしれません。直接空気回収はエネルギー集約型の技術で、導入量によっては世界のエネルギーの1／3が直接空気回収に使われるシナリオも示されています。旧来型のCCSは発電所や工場に近接して設置しなければならなかったのに対し、直接空気回収は確かに場所の自由度はありますが、エネルギーについては大きな制約があることは否めません。

4-4 ガバナンスと政策

副作用をどのように最小化するか

CO_2除去は様々な問題があるものの、潜在的に可能性があることは分かっていただけたと思います。今後は社会的な問題が生じないように技術開発を方向付け、促進していくことが必要になるでしょう。

CO_2除去は徐々に研究開発が進んでいますが、全体として進みが遅いのは事実です。今後も一層の研究開発の加速が必要になるでしょう。どのような技術開発が必要かは技術によって異なりますが、ほとんどの技術が「ローテク」であることから、先端的な研究開発というよりは、実証実験や初期市場創造の方が重要ではないかと思います。

社会的な問題としては緩和策の抑止という問題が知られています。CO_2除去が知られると緩和策への関心が削がれるという問題です。これについては、緩和策（排出量削減策）と大気からのCO_2回収の二分野で、別々に目標を掲げれば問題は起きないという指摘もあります。

もう一つのCO_2除去の問題は、様々な生態系等への副作用です。CCS付きバイオマス・エネルギーの箇所でも説明しましたが、大量の耕作地などをバイオマス・エネルギー政策に切り替える必要性も出てくるかもしれません。ただし、これら生態系への影響は国内に限られる場合がほとんどで、国内法で対応できる可能性が大きいのが放射改変と違う点です。つまり、新たな国際枠組みの必要が小さいと言えます。とはいえ、過去の環境問題の経験を踏まえれば、発展途上国の農民や弱者が不利益を受けないようにするために適切なガバナンスが必要になることは間違いないでしょう。

1 Royal Society and Royal Academy of Engineering.(2018). Greenhouse gas removal に基づく。

2 Obersteiner, M., et al. (2001). Managing climate risk. Science, 294,786-787.
https://doi.org/10.1126/science.294.5543.786b

3 Global CCS Institute. (2020). Global Status of CCS 2020.

4 Drax (2019, Dec. 10). Drax sets world-first ambition to become carbon negative by 2030 (press release). Drax.
https://www.drax.com/press_release/drax-sets-world-first-ambition-to-become-carbon-negative-by-2030/

5 林野庁「全国植樹祭」『林野庁のホームページ』
https://www.rinya.maff.go.jp/j/ryokka/syokuju/index.html（2020年11月16日アクセス）

6 Fuss, S., et al. (2014). Betting on negative emissions. Nature Climate Change, 4, 850-853.
https://doi.org/10.1038/nclimate2392

7 U.S. Department of Energy. Flexible Fuel Vehicles. energy.gov. Retrieved on November 16, 2020, from https://afdc.energy.gov/vehicles/flexible_fuel.html
http://www.automotivebusiness.com.br/inovacao/56/carro-flex-chega-aos-15-anos-com-305-milhoes-de-unidades

8 自然エネルギー財団（2021年1月21日）「統計｜エネルギー全般」『自然エネルギー財団ホームページ』
https://www.renewable-ei.org/statistics/energy/?cat=electricity（2021年1月23日アクセス）

9 都筑秀明（2016年12月）「CCSの現状と今後の導入に向けた課題」革新的環境技術シンポジウム発表資料
http://www.rite.or.jp/news/events/pdf/tsuzuku-ppt-kakushin2016.pdf

10 日本経済新聞社（2020年6月24日）「三菱重工、炭素「マイナス」へ実験　バイオマス発電で」『日本経済新聞』
https://www.nikkei.com/article/DGXMZO60734890U0A620C2XA0000

11 Urrutia, D. E., (2019, Sep. 30). Crowded Space Station: There Are 9 People from 4 Different Space Agencies in Orbit Right Now.
https://www.space.com/space-station-crowded-nine-crewmembers-expedition-60.html

12 Keith, D. W., Ha-Duong, M., & Stolaroff, J. K. (2006). Climate strategy with CO_2 capture from the air. Climatic Change, 74, 17-45.
https://doi.org/10.1007/s10584-005-9026-x

13 Carbon Engineering Ltd. Our Team. Carbon Engineering. Retrieved on November 16, 2020, from https://carbonengineering.com/our-team/

14 Climeworks. (n.d.). The Climeworks story: From lab scale to climate relevant. Retrieved January 23, 2021, from https://www.climeworks.com/page/story-to-reverse-climate-change

15 深尾幸生（2020年6月29日）「グリーンテック 欧州で存在感 環境産業政策で育成 投資4年で7倍 コロナ復興の目玉に」『日本経済新聞』
https://www.nikkei.com/paper/article/?b=20200629&ng=DGKKZO60797600V20C20A6FFT000

16 Climeworks. (n.d.). Enable removal of CO_2 from the air. Retrieved January 23, 2021 from https://www.climeworks.com/subscriptions

17 Carbfix. (n.d.). Our story. Retrieved January 23, 2021 from https://www.carbfix.com/our-story

18 Climeworks. (2018, Aug. 28). Climeworks raises USD 30.8 million to commercialize carbon dioxide removal technology.
https://climeworks.com/news/climeworks-raises-usd-30.8-million-to-commercialize

19 Gigazine（2018年6月11日）「空気中の二酸化炭素を吸い上げるコストは意外と安い」
https://gigazine.net/news/20180611-suck-carbon-dioxide-from-air/

第5章

地域的介入

5-1 極域への介入

南極氷床の融解を遅らせる

CO_2除去と放射改変は基本的に全世界的な気候冷却を目指すものですが、近年、地域的・局所的な技術にも関心が集まっています。ここでは幾つかの例を紹介します。

第1章で南極の氷床の融解について述べました。実は、この突き出した棚氷の融解のスピードを速めている一つの原因は、海の中の温かい水が、突き出した氷の下を溶かしているからです。では、何らかの技術的な手段でこの温かい水を止めることができれば、西南極氷床の融解を遅らせることができるのではないでしょうか。

2018年に中国師範大学のジョン・ムーア教授らは、国際科学雑誌『ネイチャー』で、まさにそのような提案をしました。[1] 提案の一つは、温かい水が氷の塊に触れないように、海水の流れを妨げるためのダムを海底に作ることでした。ただ、南極の海底という極限の環境での土木工事は流石に無理があるようで、その後、ダムではなくプラスチックのシートを設置するという提案に変わりました。これは、魚など海洋生物が行き来できるように切れ目が入った海のカーテンになるといいます。これでも、コンピューター上のシミュレーションでは温かい水が入り込むのを大幅に減少できるといいます。

ただ、南極の氷床の融解が加速しているのは、温かい海水が流入することだけが理由ではありません。氷の表面に湖ができ、氷の割れ目から流れ込んで行くことで氷河の底部を溶かすというルートもあります。また、温かい海水がある場所に流入することが防げても、その海水は別の場所に行くわけであって、その結果、別の場所で副作用が起きる可能性もあるでしょう。

反射性粒子を撒いて北極の海氷を守る

次に、北極海の海氷の融解を止める技術について説明しましょう。北極海では年々海氷が解け、氷で覆われている面積が減ってきています。ＩＰＣＣの２０１９年の「海洋・雪氷圏特別報告書」によれば、１年間の全ての月で海氷面積が減少しています。特に９月は融解が進んでいて、過去40年間で大まかに見て半減した可能性が高いとされます。そして、このような海氷面積の激減は過去１０００年間で初めての可能性が高いです。気候モデルによる未来シナリオでは、地球全体の気温が２１００年で４℃上昇する場合、21世紀後半には、９月の北極海の海氷がなくなってしまう可能性が高いとされています。[2] 北極の生態系に与える影響は、甚大です。

ところで、当然のことながら、氷は白く、海は青いですが、実はこの違いは色だけではありません。太陽光の反射率（専門用語でアルベド）が違うのです。当然、海氷の方が海より反射率が高いです。海氷の融解の問題を考える際に、この反射率の差が重要になってきます。北極海を覆う厚さ2メートル程度の海氷が解けると、当然のことながらその下にある海面が出てくることになります。そうすると、太陽光の反射率が下がることになり、太陽光の吸収も一挙に進むことになります。すると、より北極で熱が吸収され暖かくなり、氷が解ける面積はさらに広がることになります（専門用語でいう「正のフィードバック効果」によるものです）。北極の海氷が解けて暖かくなることは、地球の全体のエネルギーが増えることになり、地球全体の気温上昇にもつながります。逆に、何らかの方法で北極の反射率を高めることができたら、氷の面積は増えます。

スタンフォード大学の非常勤講師でもあるレスリー・フィールド博士が設立したアークティック・アイス・プロジェクトというアメリカの非営利団体は、北極の海氷の融解を止める技術の提案をしています。この団体、以前はアイス911リサーチという名前でした[3]。911はアメリカでは警察や消防、救急を呼ぶ電話番号であり、北極の氷を救おうという意図が込められているのでしょう。アークティック・アイス・プロジェクトが研究開発しているのは、中空の小さなガラスの球です。これは、白い砂浜の砂のようなものですが、海氷の上に浮くという点が異なります。岩石などの主成分のシリカを原料としているので、動物にとってもリスクが少ないかもしれません[4]。今のところ、実際に冷却効果があるかどうかは、気候モデルで理想的な数値実験があるだけです。冷却効果は確かめられたとされますが、実験ではアークティック・アイス・プロジェクトの白いガラスを正確に反映できているわけではありません。不確実性が大きいといえるでしょう。

5-2 グレート・バリア・リーフを雲で冷やす

コロナ禍の最中に行われた実験

オーストラリア北東部のグレート・バリア・リーフ。世界遺産にも登録されているこの壮大なサンゴ礁地帯は、世界遺産の範囲だけでも34万8千平方キロメートルという広大な面積になります。これはあまりにも大きいので、宇宙からでも観測できるほどです。

しかし、残念ながらグレート・バリア・リーフも地球温暖化の影響で被害を受けています。海水が高温化すると、サンゴと共生している褐虫藻の光合成が止まってしまいます。そうすると、サンゴが褐虫藻を放出してしまい、その結果サンゴの骨格が見えるようになって、白くなってしまうのです。これを、白化現象と言います。これが長く続くと、サンゴは死んでしまいます。残念なことに、グレート・バリア・リーフでも白化現象の頻度と面積が広がってきています。過去５年間で、３回も大規模な白化現象が起きているのです[5]。

ＩＰＣＣが２０１８年に公表した「１・５℃に関する特別報告書」で、特にリスクが高いとされたのが暖水性のサンゴ礁です。気温上昇により白化現象のリスクが高まっており、１・５℃の気温上昇が起こると非常に危機的な状況が起きるとされています。しかし、地球温暖化がこのまま進むと、２０３０年には１・５℃に到達してしまう可能性すらあります。世の中にはこうした数字全てに誤差があり、これを上回ったら必ず危険、下だったら安全というものではありません。それでも気温が上がり、海水温が上がりつづければ、巨大サンゴ礁が育んできた豊かなサンゴ礁も、グレート・バリア・リーフの観光産業も、大打撃を受けることになるのは確実でしょう。

オーストラリア政府や科学者はこの事態を重く見ており、２０１８年にグレート・バリア・リーフを復元し、適応させるための研究プログラムを立ち上げました。このプログラムの初期段階では、偏見を持たずにまず幅広く技術的可能性を探したようで、１６０もの介入手法を検討し、そのうち43の手法が更なる検討に値すると結論づけました。[6] 掲げられた提案は繁殖期にサンゴを移動させて増やすことを促したり、人工ふ化をするようなものから、ゲノム編集をしてサンゴ自体を熱に強いものに変えていくといったものまで含まれていました。そして、その中の一つが、雲の白色化によってグレート・バリア・リーフを直接冷やすという手法です。これは放射改変の一種です。今まで放射改変は、基本的に地球全体の気温を低下させる技術として紹介してきましたが、地域的な気候に介入する技術として使うことも理論的には可能です。これを実際にグレート・バリア・リーフで実施しようというのです。

仕組みはこうです。まず、雲の性質を変えるように海の塩粒などといった雲の凝結核を注入し、雲粒の数を増やすことで雲の粒径を小さくします。これによって、雲をより白くし、反射率をさらに向上させます。海洋の船の航路を航空写真で見ると雲が白く見えることがありますが、船舶の排気ガスで同様な効果が起きているのです。

２０２０年3月、この雲の白色化の技術について、実証実験が行われました。ダニエル・ハリソン博士（サザン・クロス大学）が率いるこのプロジェクトは、予定であれば世界中から研究者が集まり一緒に実験を行うところでしたが、コロナ禍の最中のため、ごく限られた関係者のみの寂しい船出となりました。

　実験の内容は極めてシンプルでした。高速で動くファンで海水を巻き上げるのです。フィルターを通して海水を小さくするうちに水分は蒸発し、数兆個ものナノ・メートル・サイズの塩の粒子が巻き上げられることになります。理論的には塩の粒子は雲粒の粒子数を増やし、これによって雲の性質を変えることで反射率を増やすことができるとされています。この時は、５キロメートル離れたところで観測していた船で、ミストができて届いたことを確認したとのことでした。

　グレート・バリア・リーフはオーストラリア人にとって誇りです。世界遺産でもあり、観光収入の大きな源泉でもあります。この放射改変手法は、私の見方では気候工学に分類するべきですし、非常に論争的なものです。しかし、ホームページ上では「復元と適応」(restoration and adaptation)という言葉で呼ばれています。当初は特に批判もなく実験は静かに実施されましたが、実験の実施から1か月半たった5月に、国際的な環境NGOから反対意見がありました。反対意見を中心的にまとめたのは、カナダに本部があるＥＴＣグループという団体です。[7]彼らによれば、今回の実験は、科学的に正当な実験以外は禁止を求めている「生物多様性条約」[8]に違反しているとのことでした。[9]生物多様性の気候工学に関する決定の解釈は専門的な議論があり、私としてはそれほど強い主張には思えませんが、いずれにせよ、今後も議論が続くように思います。

1 Moore, J. C., Gladstone, R., Zwinger, T., & Wolovick, M. (2018). Geoengineer polar glaciers to slow sea-level rise. Nature, 555, 303-305.
https://doi.org/10.1038/d41586-018-03036-4

2 IPCC (2019). Summary for Policymakers. In: IPCC Special Report on the Ocean and Cryosphere in a Changing Climate[Pörtner, H.-O., Roberts, D.C., Masson-Delmotte, V., Zhai, P., Tignor, M., Poloczanska, E., Mintenbeck, K., Alegría, A., Nicolai, M., Okem, A., Petzold, J., Rama, B., Weyer, N.M., Ed.].

3 BBC (2020) The daring plan to save the Arctic ice with glass, Future Planet. Retrieved on November 30, 2020, from https://www.bbc.com/future/article/20200923-could-geoengineering-save-the-arctic-sea-ice?ocid=twfut

4 Arctic Ice Project. (n.d.). Our approach: technology focus areas. Retrieved January 23, 2021. https://www.arcticiceproject.org/technology-focus-areas/#

5 ARC Centre of Excellence Coral Reef Studies. (2020, April 7). Media Release: Climate change triggers Great Barrier Reef bleaching.
https://www.coralcoe.org.au/media-releases/climate-change-triggers-great-barrier-reef-bleaching

6 Reef Restoration and Adaptation Program. (n.d.). The Program. Retrieved January 23, 2021 from https://gbrrestoration.org/the-program/

7 ETC Group. (n.d.). Contact. Retrieved January 23, 2021 from https://www.etcgroup.org/contact

8 Reynolds, J. L. (2019). The Governance of Solar Geoengineering. Cambridge University Press. (第

8章）

9　ETC Group (2020, May 11). Geoengineers test risky planetary engineering scheme in Australia. https://etcgroup.org/content/geoengineers-test-risky-planetary-engineering-scheme-australia

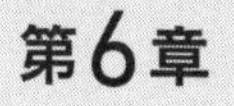

第6章

放射改変（SRM）

6-1 様々な放射改変

反射する場所によって分類される放射改変

今までCO_2除去と地域的介入について述べてきました。これからは放射改変について述べます。まずは概要です。

太陽放射改変は、名前の通り太陽光に関する技術です。太陽光を宇宙に反射して地球に入るエネルギーを減らすことで地球を冷却します。曇りの日は晴れの日より気温が低いですが、簡単に言ってしまえば、これは太陽からのエネルギーが減っているからです。放射改変はこれと同じ原理に基づきます。ただし、曇らせるといっても普通の天気と程度が違います。現在ではCO_2の大気中濃度が産業革命以前に比べて約1・4倍（0・028%から0・04%程度に）増えていて、これによって気候システムは（CO_2に限れば）面積1平方メートルあたり1・9ワットのエネルギーを産業革命以前に比べて多く受け取っています[1]。この受け取るエネルギーの増加（正確には

太陽光を反射する場所	手法の例
宇宙	宇宙における太陽光シールド
成層圏	成層圏エアロゾル注入
対流圏	雲のアルベド改変（DMS発生などの生物学的手法・海塩巻き上げといった機械的手法）
地表面	都市・住宅の反射率増加 草地や穀物の反射率増加 砂漠の反射率増加

放射改変の種類

宇宙に出ていかないエネルギー）が地球温暖化の原因です。太陽からのエネルギーは1平方メートルあたり340ワットぐらいですから[2]、0・56%程度反射すれば、このエネルギーの増加を相殺できます。なお、放射という単語が入っていますが、いわゆる放射能などと関係はないことに気を付けてください。

　太陽放射改変は、太陽光を反射する場所で分類ができます（表）。地球から遠いところから順にいえば、宇宙太陽光シールド、成層圏エアロゾル注入、雲の白色化、地表面の屋根の反射率の増加があります。太陽光が気候システムに入り込むのを遮るという意味では、みな共通性がありますが、科学技術的な側面、効果・副作用などは大きく違います。

（地球の気温を低下させるという意味で）もっとも効果が確実視されているのが、**成層圏エアロゾル注入**です。大規模火山噴火を真似て、航空機などを用いて高度20キロメートル程度の上空大気に浮遊性の微粒子（エアロゾル）を注入し、地球全体の反射率を上昇させます。国際的にも日本の研究チームも参画しながら、気候モデル／地球システムモデル研究（Geoengineering Model Intercomparison Project）などが進んでいます。また、ハーバード大学の研究グループが小規模のエアロゾルを散布するという屋外実験を計画中です。これについては後の章で解説しましょう。

もう一つ大気に介入する技術として、**海洋の雲の白色化**（marine cloud brightening）があります。これは、海洋上にある（高度2キロメートル以下の）下層雲の反射率を増加させます。雲は太陽光を反射しますが、反射率は100％ではなく、反射率を増加させる余地があります。第5章で説明したグレート・バリア・リーフで実験が行われた技術がこれです。この技術はモデル研究も進んでいますが、気候科学において雲の振る舞いは一番不確実性が高い領域であり、この介入手法に効果があるかは未解明です。ワシントン大学らの研究グループが実験を計画していますが、進展の度合いは不明です。

地表面の反射率増加は、住宅や工場などの屋根を白色に近い色にしたり、砂漠に反射性のプラスチックを敷いたりして太陽光の反射率を増やす手法です。反射していること自体は簡単に確かめられますが、地球の巨大な面積を考えるとそこまで大規模化できるか疑問符が付きます。地球全体を冷却するほどシートを敷くと、非常に高価になるとされています。局所的に気温を下げるヒートアイランド現象対策としてみた方が正しいといえるでしょう。

最後は**宇宙太陽光シールド**です。太陽と地球の引力のバランスが取られるラグランジュ・ポイントと呼ばれる場所などに、ロケットなどで反射デバイスを投入し、地球に入ってくる太陽光を減らすのです。科学的には、効果の確実性は高いといえます。しかし、いくら宇宙技術が安価になったとはいえ、コスト的には見合わないと考えられています。

なお、太陽放射改変ではないですが関連する技術提案として、上層の巻雲(けんうん)の温室効果を減少させる**巻雲の薄化**（cirrus thinning）という提案もあります（技術的には込み入っているので詳細は省きます）。下層雲は太陽光の反射効果が大きいのですが、上層雲は反射効果より温室効果の方が大きく、気温上昇を助ける方向に働きます。この巻雲に働きかけるのです。しかし、上層の雲の振る舞いは現状よく分かっていません。したがって、この手法も非常に不確実性が高いといえます。

6-2　火山噴火による気温の低下

気候モデルにも入っている火山の気候冷却効果

これらの放射改変の中で、特に成層圏エアロゾル注入は、科学技術的に冷却効果があるとされ、最も研究がなされてきました。人文科学・社会科学的な研究も多数ありますが、ここではまず、自然科学的な研究について絞って述べます。ここでも主役は気候モデルになります。

まず大事なことですが、気候工学に限らず、こうした世界の気候モデル研究の進展において、日本の研究コミュニティーの貢献は極めて大きいです。気候工学についても、海洋研究開発機構が中心となった研究グループが長年にわたって研究を実施し、国際コミュニティーと同じ方法でシミュレーションを行い、国際的な研究の基礎となってきています。個別の研究については紹介しませんが、日本の研究コミュニティーの貢献も確かにあるのです（第10章で述べますが、逆にその他の研究では存在感が薄いことは事実です）。

２０５０年、２１００年と地球温暖化が続くという本書の大前提は、すでに説明したように、気候モデルによって導き出されています。天気予報に使われる数値予報モデルの親戚である気候モデルによって、２１００年までの天気予報を行い、そのデータをもとに気温などを計算するのです。

ところで、こうした気候モデルは過去の気候の再現もできます。過去の気候となるとそもそも、地表の気温・気圧・水蒸気量だけでなく、上空のデータに不確実性も大きいので、その再現には様々な問題があります。また雲のプロセスなど、いまだに非常に難しいところもあります。しかし、気候科学の進展によって全体的に過去の気候の再現性は向上してきています[3]。過去の気候を再現するには、当然のことながら、１８５０年ごろから伸び続けるCO_2などの温室効果ガスの排出量を、インプットとしてモデルに入れる必要性があります。他にも（対流圏の）エアロゾルなどの大気汚染物質は冷却効果があるので、これについても入れなければいけません。太陽自体の明るさも時間とともに少し揺らぎがあるので、これについても入れる必要性があります。

もう一つ追加で入れる必要があるのが、過去の火山噴火です。大規模な火山噴火は成層圏と呼ばれる上空大気に硫酸のミストを作ります。このミストが地球全体を覆う雲となって、地球を冷却します。この火山による冷却効果を日傘効果と呼びますが、過去の気候を正確に再現するために、この冷却効果はインプットとして気候モデルに入力されています。代表的な20世紀後半の大規模な火山噴火には、１９９１年のフィリピンのピナツボ火山、１９８２年のメキシコのエルチチョン、１９６３年のインドネシア・バリ島のアグン山といったものがあり[4]、これらの冷却効果を入れる必要性があります。このうち、例えば１９９１年のピナツボ火山の噴火は、地球全体を０・５℃程度冷却したとされています。そう、成層圏エアロゾルの冷却効果は気候モデルによって計算されているのです。

火山のエアロゾルによる地球の冷却

冷却の仕組みを説明しましょう。大規模な火山噴火はマグマや溶岩、火山灰などを噴出しますが、同時に水蒸気や二酸化硫黄などのガスも噴出します。こうしたガスは成層圏にも到達します。ここで重要なのは、二酸化硫黄と硫化水素です。これらは成層圏に到達し、化学反応によって酸化され、硫酸のミストに変化します。そして、成層圏に吹いている東西風に乗ってまず東西に広がり、徐々に熱帯の方から北極・南極の方へと散らばっていきます。このようにして地球に散らばったエアロゾルが太陽光を反射するのです。一度できた成層圏のエアロゾルは１~２年残ります。ちなみに、対流圏のエアロゾルが地表に落ちてしまうのは、平均で１週間程度です。この滞留時間の違いが、少ない量で冷却効果がある理由の一つです。

ここまで成層圏という言葉を説明なしに使ってきましたが、ここで少し説明しましょう。大気は階層構造に分かれていて、地表面に接している対流圏、そのうえに成層圏、中間圏、熱圏と続きます。成層圏は高度でいうと10キロメートル~50キロメートルぐらいです。山登りすると気温が下がっていくことから分かるように、対流圏では、高度が上がると気温が低下します。しかし、成層圏に入ると、高度が上がるにつれて気温が暖かくなります。これが成層圏の特徴です。対流圏と成層圏は文字通り、対流（暖かい空気が上昇して熱を上空に伝える）が起きており、成層圏は暖かい軽い空気が上にあるので、層が形成され上下の大気の動きがあまりありません。言い換えれば、対流圏に住む私達が経験するような日々の天気がないのです。成層圏に雲ができることはまれであり[5]、普段読者の方が見ている雲や雨も対流圏の話です。台風であっても、少しだけ成層圏にはみ出すことがあっても、基本的には対流圏の現象です[6]。

1991年6月、ルソン島の西部にあるピナツボ火山が噴火しました。400年ぶりのこの噴火は20世紀最大の火山噴火といわれます。火砕流などの噴出物は体積で約10立方キロメートルとされます。死者は約850人とされますが、規模に比して死者数を抑えられたのは事前避難のおかげです[7]。この噴火によって、ピナツボ火山は2000万トンの二酸化硫黄を成層圏に注入しました[8]。これにより、太陽光が反射されることで、徐々に気温が低下し、約1年半後には地球全体で最大0・5℃気温が低下しました。

この噴火について詳しく調べると、地球全体が冷えるというだけでなく、様々なことがわかってきました。太陽光が減少すると、冷却効果による気温低下は熱に関する慣性が小さい陸地で起きやすく、これによって陸面での上昇気流の割合が減ります。ピナツボ火山の場合は陸地の降水量の減少が観測されています。また、成層圏の硫酸エアロゾルは太陽光を散乱するだけでなく、太陽光・赤外放射の吸収もします。また、成層圏という言葉を聞くとオゾン層を思い出す方もいると思いますが、エアロゾルはオゾン層にも影響を及ぼしオゾン層の破壊も進んでしまいました。他にも、火山の噴火は夕焼けや朝焼けを綺麗にします。ほおに手を当てた恐怖のような表情をした人を描いた、画家のエドヴァルド・ムンクの代表作「叫び」の背景は赤い雲ですがこれは、1883年にインドネシアのクラカタウの噴火によってエアロゾルが太陽光を散乱し、赤い雲になっていたのを描いたものです[9,10]。また、一定の方向から来る太陽光を鏡で集光して発電する太陽熱発電や集光型太陽光発電と呼ばれる技術がありますが、大規模火山噴火の後はこれらの発電技術の発電量が低下することになります。

6-3 エアロゾル注入のモデリング

仮想地球で太陽を少し暗くする

少し寄り道をしましたが、成層圏エアロゾル注入の評価のための気候モデルの話に戻りましょう。

前節では大規模火山噴火の影響について書いてきましたが、大規模火山噴火と人工的な成層圏エアロゾル注入では違う側面が多々あります。話を簡単にするために、成層圏にも火山噴火で出るものと同じ硫酸エアロゾルを注入するとしましょう。大規模火山噴火の場合、噴火が続く期間に限って少ない回数で、1か所に大量のエアロゾルを成層圏に投入します（図参照）。これに対し、人工的に地球を冷やしたい場合は様々な場所で、わずかな量を毎日少しずつ注入することになります。また、火山噴火のエアロゾルは粒径が最適ではないので、火山噴火のエアロゾルより小さくすることができれば散乱率を向上させることができます。[11] 人工的に注入する場合、硫酸エアロゾルの粒の大きさを小さくできるかもしれません。したがって、同じ量のエアロゾルを注入したとしてもその効果は随分と違うものになります。

そこで気候モデルの登場です。既に過去の大規模火山噴火の日傘効果は、過去の気候の再現シミュレーションで入力されていることを述べてきました。言い換えれば、成層圏にエアロゾルを入れる枠組みは、気候モデルの中にそもそも備わっているのです。これを活用して、人工的に成層圏にエアロゾルを入れたらどのようになるかということをシミュレーションするのは当然可能でしょう。

コンピューターの中ですから、実社会で考えると色々と無理に見える数値実験も可能です。全世界を成層圏のエアロゾルで一様に被(おお)ってしまうこともできますし、太陽をある日からいきなり（CO_2の温室効果ガスを打ち消す分だけ）暗くするなんてこともお手の物です。若干脱線しますが、1970年代には太陽を完全に真っ暗にして、大気の流れが止まっていくことを計算した「大気の死」の研究もあるぐらいです。[12] 硫酸エアロゾルをどこにでも、望む量だけ注入することができます。また注入を突然止めたり再開したりすることもできます。

一番理想的かつ簡単な、少しだけ太陽を暗くしてみたシミュレーションを考えてみましょう。成層圏エアロゾル注入の代わりに、近似として太陽光を暗くするのです。温暖化した場合の地球

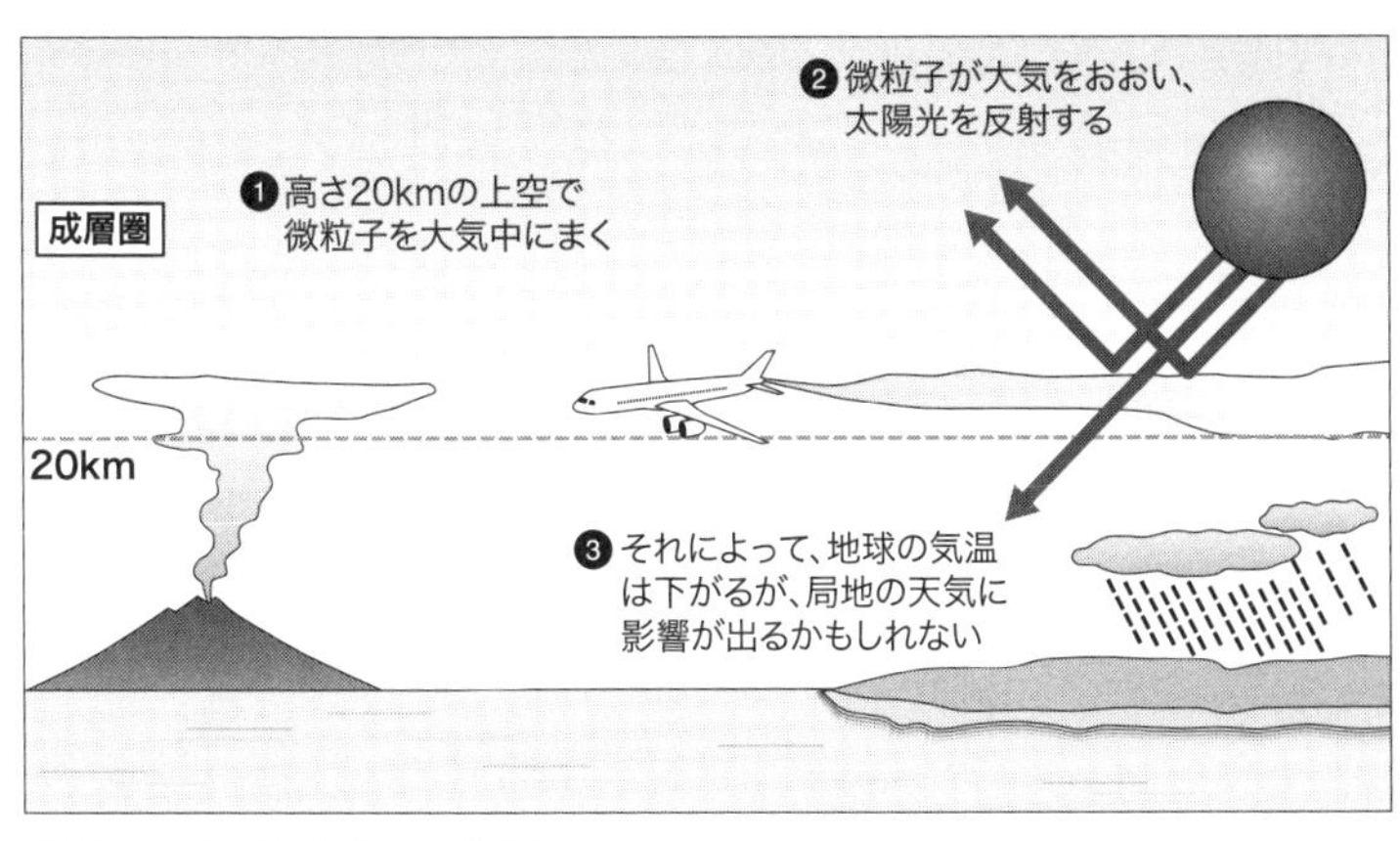

成層圏エアロゾル注入の模式図

を一つ仮想的に作り、もう一つ、温暖化が進んだと同時に太陽が少し暗くなった地球を作るのです。太陽を暗くするので、もう一つの地球というより、もう一つの宇宙と表現した方が正確かもしれません。いずれにせよ、この比較をすれば、成層圏エアロゾル注入の効果と副作用、リスクが分かるでしょう。

成層圏エアロゾル注入の最初のモデリングは、まさにこのような研究でした。全米地球物理学連合の学術誌『ジオフィジカル・リサーチ・レターズ』に掲載された、ゴビンダサミー・バラ博士とケン・カルデイラ博士の共著による論文では、CO_2の大気中濃度が2倍にされた仮想地球と、同じくCO_2濃度は2倍ですが、太陽光エネルギーが1・8%減少した仮想地球を作って比較しました。太陽光とCO_2の温室効果による赤外放射は、随分と違うところがあります。たとえば、太陽光はお天道様が出ているときしかエネルギーが来ませんが、CO_2の温室効果は昼も夜もあります。また、太陽エネルギーは季節・緯度によって大きく異なりますが、CO_2の温室効果はそこまで変化しません。このように、太陽エネルギーは空間的にも時間的にもCO_2と異なるのに、地球温暖化を相殺できるのでしょうか。

結果は火山噴火の結果から推測できるものと同じでした。気温は全球平均を見ても、地域分布を見ても、地球温暖化前のほぼ同じ水準まで戻すことができました。ただし、降水は地球全体で減少することも明らかになりました。この研究ではあまり明確な結果がでませんでしたが、のちの研究では、熱帯域が極域に比べてより強く冷却されることも分かっています。

一方で、カルデイラ博士は2007年のデイモン・マシューズ博士との共著論文で、理想的なシミュレーションにより重要な副作用を明らかにしました。それは、急激に成層圏エアロゾル注入を止めた場合、途端に地球の気温が大きく上昇する可能性があるということです[13]。これは終端問題と呼ばれます。

先ほど、1991年のピナツボ火山噴火は約1年半で地球の平均気温を0・5℃程度下げたと述べました。これは、成層圏のエアロゾルが速いスピードで地球の気温を下げられることを意味します。しかし、この逆は、成層圏エアロゾル注入が止まった瞬間に速いスピードで気温が上昇するということです。この論文では地球温暖化が進み続ける仮想地球と、継続する地球温暖化を太陽光減少で止めた仮想地球を比較しました。後者の仮想地球で放射改変を急に停止した場合、地球は隠されていた温暖化を取りもどすように急激に温暖化し、そのスピードは最大で現在の20倍にもなるといいます。地球温暖化の影響は、農業なら例えば品種を変えるなどして対応できると指摘しましたが、速すぎる地球温暖化は人間社会も生態系もついていけなくなってしまいます。

なお、この研究はスーパーコンピューター上の気候モデルではなく、より簡易的なモデルで計算されました。しかしながら、後にスーパーコンピューターを用いた気候モデルのシミュレーションでも同様の事実が確かめられています。

以上、アメリカの研究者による研究を紹介しましたが、現在の気候モデル研究は国際的に進められています。代表的な研究はアラン・ロボック博士とベン・クラビッツ博士によるものです。ニュージャージー州の州立大学ラトガース大学の教授であるアラン・ロボック博士は、火山噴火の気候に対する影響や「核の冬」について長年にわたって研究してきました。「核の冬」とは核戦争が起きてしまった場合、火災で噴煙が巻き上がり成層圏まで達することで、太陽光を遮り、地球が全世界的に冷却され食糧危機が起こるという事態です。大規模火山噴火の冷却効果も核の冬も、気候モデルで計算されています。その彼が、気候モデルを使って成層圏エアロゾル注入の研究を始めるのは当然とも言えるでしょう。念の為明示しておきますが、核の冬を研究する研究者である彼は、気候工学にも極めて否定的で反対の立場を取っています。批判をするのならば科学的な根拠をもつ必要がある、というのが彼の態度といえます。

放射改変の国際モデル研究プロジェクト

ロボック博士とクラビッツ博士らは、２０１０年、複数の気候モデルを組み合わせて気候工学を研究するプロジェクトを立ち上げる論文を学術誌に投稿しました（論文が受理されたのは２０１０年ですが、公表されたのは２０１１年でした）。通称ジオエンジニアリング・モデル相互比較プロジェクト（ＧｅｏＭＩＰ）です[14]。論文では、気候工学の数値実験の手順書が書かれていました。ここでいう手順書は、仮想地球の作り方と思っていただければよいです。CO_2濃度をどれぐらい増やすか、いつからどれぐらい気候工学を実施するかなどといったことが書かれています。手順書には４つの数値実験が盛り込まれていました。２つは理想的な太陽光減少数値実験、２つは成層圏エアロゾル注入の数値実験でした。

ＧｅｏＭＩＰは国際共同研究プロジェクトと書きましたが、科学的には複数のモデルを組み合わせるところに重要性があります。現代のコンピューターは大きな進歩を遂げましたが、それでもスピードは有限で、気候モデルの数式は厳密に解くことができません。そのため、様々な近似式が導入されており、こうした近似式で計算結果に不確実性が生じます。誤解を恐れずに分かりやすく言えば、モデルごとに結果の「癖」があるのです。世界には十数を超える有力研究機関がありますが、これらの気候モデルの結果はどれも微妙に違います（同じ結果を示すところもあれば、違うところもあります）。ＧｅｏＭＩＰは世界中の研究機関に呼び掛けて気候工学について計算し、どのモデルも共通して合意する点、モデルによって大きく異なる点などを明らかにすることを目的に始められました。

ＧｅｏＭＩＰは日本のチームも参加し、順調に拡大してきています。ＧｅｏＭＩＰの結果はＩＰＣＣの第５次評価報告書にも採用されました。科学的な結果としては、成層圏エアロゾル注入は冷却効果があること、ただその冷やし方にはむらがあること（熱帯あたりは全世界に比べて冷えすぎるなど）、地球の気温上昇をゼロにすると全球の降水量が減ってしまうこと、また突然成層圏エアロゾル注入を中止すると気温上昇が起こることが確かめられています。成層圏オゾン層破壊についても、定量的には不確実性が大きいですが、加速してしまう点も分かってきています。

6-4　放射改変の評価

副作用は放射改変の使い方次第

成層圏への硫酸エアロゾルの注入は、確かに気温を低下させられるでしょうが、同時に副作用も非常に大きいです。ＧｅｏＭＩＰなどの結果からこうしたことが分かってきました。

しかし、ここで少し冷静になって考えてみましょう。確かに副作用があるのは事実ですが、これらは成層圏エアロゾル注入について、特定の使い方をしたからです。

まず、終端問題から始めましょう。この問題は、成層圏エアロゾル注入が終了した瞬間に気温が上昇するというものでした。これは真実であり、どのように成層圏エアロゾル注入を実施しても起こることでしょう。ただ、憂うべきは終端問題の大きさです。終端問題は成層圏エアロゾル注入の規模に主に関連するので、規模を小さくすれば、それに伴う終端問題も小さくなります。つまり、１℃冷却すれば１℃の終端問題が起こり、２℃冷却すれば２℃の終端問題が起こります。パリ協定の気温上昇目標は２℃／１・５℃ですが、現在の地球温暖化対策では約３℃になるといいます。仮に、もう少し緩和策を積み上げて２・５℃になったとして、残りの０・５℃を成層圏エアロゾル注入で補うのはどうでしょう。そうすれば終端問題もさほど大きくならないはずです。当たり前のことを言っているように聞こえるかもしれませんが、これは極めて大事なポイントです。終端問題は、成層圏エアロゾル注入の最大の問題の一つとして多くの識者に指摘されてきました。確かに潜在的には大きな問題ですが、これは成層圏エアロゾル注入で大量に気温を下げた場合にのみ起きる問題です。そもそも、成層圏エアロゾル注入でここまで気温を下げる必要性は無いのかもしれませんし、非合理なのかもしれません。

また、成層圏エアロゾル注入で人類が調整できるパラメータは、実施規模だけではありません。注入物質を選ぶこともできれば、注入の場所、期間も全て選ぶことができます。先ほど、硫酸エアロゾルの注入は成層圏オゾン層破壊につながることを述べましたが、これは注入物質に硫酸エアロゾルを選んでいるからです。物質によってはオゾン層破壊を避けることも可能です。ハーバード大学のデビッド・キース教授らは、2016年の全米科学アカデミー紀要で、成層圏オゾン層を破壊しない放射改変の手法を提案しました。[15] 硫酸エアロゾルの替わりに炭酸カルシウム（石灰岩や黒板のチョークの主成分）を注入すれば、成層圏オゾン層が破壊されるどころか増加するというシミュレーション結果が得られた、とキース教授らは報告しました。これは、カルシウムがオゾン層を破壊する塩素などと化学反応して固定してしまうというメカニズムによります。

全世界の降水量の変化についても同様です。問題の名前が地球温暖化であるから気温上昇が悪いことのように聞こえ、気温上昇をゼロにしたいという気持ちが出てくるかもしれません。しかし、人間社会は気温の変化より、降水量の変化によって受ける影響の方が圧倒的に多いでしょう。

気温上昇ではなく、降水量の変化をゼロにする放射改変の使い方もありうるのです[16]。また、熱帯が冷えすぎて極域があまり冷えないことを述べましたが、これは地球全体の太陽光をまんべんなく冷やした場合です。注入場所を選べばこうしたことも解消できることが示されています[17]。

使い方次第で気候変動の影響を大幅に和らげる可能性

2019年にデビッド・キース教授はピーター・アーバイン博士らと、放射改変を抑制的に利用する場合の分析の論文を、国際学術誌『ネイチャー・クライメット・チェンジ』に公表しました[18]。台風・熱帯低気圧の理論の国際的権威である、マサチューセッツ工科大学のケリー・エマニュエル教授も著者の一人であったこともあり、注目を呼んだ論文です（気候工学とは関係ありませんが、私は留学中、エマニュエル教授に博士論文委員会に加わっていただき指導を受けていました）。この論文では、成層圏エアロゾル注入を使って、気温上昇を産業革命以前に戻すのではなく、気温上昇を半分に抑えるようにしました。CO_2濃度が産業革命以前に比べて2倍になり地球温暖化が進んだ仮想地球と、気温上昇を放射改変で半分に抑えた仮想地球を比較するのです。この論文ではGeoMIPの太陽光を減少させるシミュレーションの結果と、解像度の高いモデルの結果を組み合わせて解析しました。

その結果は驚くべきものです。地球温暖化の仮想地球に比べて、放射改変をした仮想地球の方が、気候は大幅に「改善」したのです。気候モデルでは、デジタルカメラの画素のように地球が表現されていることは第1章で書きましたが、それぞれの「画素」を見ると、地球温暖化の仮想地球より、放射改変を実施した仮想地球の方が、産業革命前の気候に近かったのです。これは平均気温、年最大気温については、ほとんど全ての世界中の箱で改善し、年平均の純降水量（降水量から蒸発散量を差し引いたもの）、5日間降水量の年間最大値のそれぞれについても、30〜40％の「画素」で改善が見られました。本書では幅広くモデルやシナリオを考えることの重要性を指摘してきましたが、アーバイン博士の論文ではＧｅｏＭＩＰを用いた複数のモデルでの分析も行っており、大筋同様な結果が得られています。

前節では成層圏エアロゾル注入による放射改変の問題をたくさん指摘しましたが、この節では放射改変のいい側面、より正確にいえば副作用の抑制について述べました。では、どちらが正しいのでしょうか。

成層圏エアロゾル注入は、現在開発中の技術です。世の中には様々な技術があり、技術的な特性からして利権が集中するような技術もあれば、平等な世の中につながる技術もあるでしょう。エネルギーでいえば、（新型の小型モジュラー炉を除いた）巨大な原子力発電所が前者、（巨大な洋上風力を除いた）分散型再生可能エネルギーは後者の例として挙げられます。ただ、成層圏エアロゾル注入は現時点では存在しない技術であり、またどのような社会的制度ができるかどうかも分かりません。言い換えれば、成層圏エアロゾル注入はこういう技術だ、ということが言い切れないのです。つまり、現在の科学的知見をもってしては、成層圏エアロゾル注入は「本質的に悪い技術である」とか、「本質的に副作用がない」などとは言うことができません。使い方の未来シナリオ次第で、成層圏エアロゾル注入はよい技術にも悪い技術にもなり得るのです。

終端問題も同様です。成層圏エアロゾル注入は、地球温暖化を１００％相殺するための技術ではありません。そのような目的で使うこともできれば、地球温暖化を50％相殺するために使うこともできます。もちろん、使わないという選択もあります。成層圏エアロゾル注入が問題の解決につながるかどうかは、どのような技術を開発するか、どのように使うか、これらの詳細にも依存します。

もちろん、成層圏エアロゾル注入の研究開発やその実施は、社会的・政治的な制約が多数存在します。成層圏エアロゾル注入が気候のリスクを減らす重要な技術になるとしても、そのような方向で研究開発を進めることができるのでしょうか。これについてはガバナンスに関する章で詳しく検討したいと思います。

1　教科書的には二酸化炭素の放射強制力（追加的なエネルギー量）は５・３５ln(０・０４／０・０２８)≒１・９７ワット平方メートルとなります。式については以下を参照。 Myhre, G., D. Shindell, F.-M. Bréon, W. Collins, J. Fuglestvedt, J. Huang, D. Koch, J.-F. Lamarque, D. Lee, B. Mendoza, T. Nakajima, A. Robock, G. Stephens, T. Takemura and H. Zhang, 2013: Anthropogenic and Natural Radiative Forcing Supplementary Material. In: Climate Change 2013: The Physical Science Basis. Contribution of Working Group I to the Fifth Assessment Report of the Intergovernmental Panel on Climate Change [Stocker, T.F., D. Qin, G.-K. Plattner, M. Tignor, S.K. Allen, J. Boschung, A. Nauels, Y. Xia, V. Bex and P.M. Midgley (eds.)].

Available from www.climatechange2013.org and www.ipcc.ch.

2 Hartmann, D. L. (2015). Global Physical Climatology, Second Edition. Elsevier.（第2章）

3 Flato, G., J. Marotzke, B. Abiodun, P. Braconnot, S.C. Chou, W. Collins, P. Cox, F. Driouech, S. Emori, V. Eyring, C. Forest, P. Gleckler, E. Guilyardi, C. Jakob, V. Kattsov, C.Reason and M. Rummukainen, 2013: Evaluation of Climate Models. In: Climate Change 2013: The Physical Science Basis. Contribution of Working Group I to the Fifth Assessment Report of the Intergovernmental Panel on Climate Change [Stocker, T.F., D. Qin, G.-K. Plattner, M. Tignor, S.K.Allen, J. Boschung, A. Nauels, Y. Xia, V. Bex and P.M. Midgley (eds.)]. Cambridge University Press, Cambridge, United Kingdom and New York, NY, USA.

4 Hartmann, D. L. (2015). Global Physical Climatology, Second Edition. Elsevier.（第12章）

5 例外としてオゾン層破壊につながる極成層圏雲などがあります。

6 しかし、成層圏にダイナミックな動きがないわけではありません。東西風が約1年ごとに切り替わる赤道成層圏準二年周期振動や極域での突然昇温という変化もありますが、ここでは割愛させていただきます。

7 日本経済新聞社（2020年4月17日）「ピナツボ山大噴火（1991年）事前から観測、被害抑制」『日本経済新聞』https://www.nikkei.com/article/DGKKZO58129180W0A410C2TJN000/（2020年11月16日アクセス）

8 Robock, A. (2000) Volcanic eruptions and climate. Reviews of Geophysics, 38(2), 191-219. https://doi.org/10.1029/1998RG000054

9 The Age Company (2003, Dec. 11) Krakatoa provided backdrop to Munch's scream, The Age. Retrieved on November 17, 2020, from https://www.theage.com.au/national/krakatoa-provided-backdrop-to-munchs-scream-20031211-gdwwuj.html

10 Robock, A. (1983) El Chinchón eruption: The dust cloud of the century, Nature, 301, 373-374. https://doi.org/10.1038/301373a0

11 Pope, F. D., Braesicke, P., Grainger, R. G., Kalberer, M., Watson, I. M., Davidson, P. J., & Cox, R. A. (2012) Stratospheric aerosol particles and solar-radiation management, Nature Climate Change, 2, 713-719. https://doi.org/10.1038/NCLIMATE1528
Pierce, J. R., Weisenstein, D. K., Heckendorn, P., Peter, T & Keith, D. W. (2010) Efficient formation of stratospheric aerosol for climate engineering by emission of condensible vapor from aircraft, Geophysical Research Letters,37, L18805. https://doi.org/10.1029/2010GL043975

12 Hunt, B. G. (1976) On the death of the atmosphere, Journal of Geophysical Research, 81(21), 3677-3687. https://doi.org/10.1029/JC081i021p03677

13 Matthews, H. D., & Caldeira, K. (2007). Transient climate-carbon simulations of planetary geoengineering. Proceedings of the National Academy of Sciences, 104(24), 9949-9954. https://doi.org/10.1073/pnas.0700419104

14 Kravitz, B., Robock, A., Boucher, O., Schmidt, H., Taylor, K. E., Stenchikov, G., & Schulz, M. (2011). The geoengineering model intercomparison project (GeoMIP). Atmospheric Science Letters, 12(2), 162-167. https://doi.org/10.1002/asl.316

15 Keith, D. W., Weisenstein, D. K., Dykema, J. A., & Keutsch, F. N. (2016). Stratospheric solar

geoengineering without ozone loss. Proceedings of the National academy of Sciences, 113(52), 14910-14914.
https://doi.org/10.1073/pnas.1615572113

16 Irvine, P. J. and Keith, D. W. (2020) Halving warming with stratospheric aerosol geoengineering moderates policy-relevant climate hazards, Environmental Research Letters, 15(4).
https://doi.org/10.1088/1748-9326/ab76de

17 Kravitz, B. (2019) Comparing Surface and Stratospheric Impacts of Geoengineering With Different SO_2 Injection Strategies, JGR Atmospheres, 124(14), 7900-7918.
https://doi.org/10.1029/2019JD030329

18 Irvine, P., Emanuel, K., He, J., Horowitz, L. W., Vecchi, G., & Keith, D. (2019). Halving warming with idealized solar geoengineering moderates key climate hazards. Nature Climate Change, 9(4), 295-299.
https://doi.org/10.1038/s41558-019-0398-8

第7章

放射改変の研究開発
──屋外実験と技術

7-1 研究が研究室を離れる時

モデル研究から小規模・大規模実験へ?

今まで放射改変のモデリングについて、成層圏エアロゾル注入を中心に見てきました。もちろん、技術が前に進むためにはコンピューターを用いたモデル研究だけでは不十分で、屋外の実験も必要になり、すでに世界では進行中・計画中の実験があります。

放射改変の実験は非常に論争的で、大きな議論が繰り広げられてきました。屋外実験というと、どうしても唯一無二の地球で危ない実験をするという印象があるのでしょう。ただ、屋外実験には地球全体を0・1℃冷やすような大規模なものだけでなく、地球全体の気候には影響を与えずに、成層圏に撒(ま)かれたエアロゾルの振る舞いを調べるといった程度のものもあります。現在、科学者によって提案されている屋外実験は、そうした小規模な屋外実験で、実験から得られた知見によって気候モデルを改善することが期待されています[1]。

しかしながら、このような小規模屋外実験でも社会的な懸念から逃れることはできません。小規模な屋外実験が始まったら、中規模屋外実験、大規模屋外実験、そして実施につながってしまうのではないかという懸念があります（「滑り坂論」と呼ばれる批判です）。また、屋外実験は徐々に技術の方向性を形作っていくので、気候変動で被害を受ける弱者を助けるはずだった放射改変が、例えば欧米の意見が取りこまれ、先進国を利する技術に化けていくおそれもあります。現在、世界では放射改変に関する実験がいくつか提案されています。それらは、提案によって程度は異なりますが、どれも社会的な論争が起きつつあります。また、技術開発もこの技術の形を作るという意味では極めて重要な研究活動です。

本章では具体的に2つの屋外実験と技術についてみていき、ガバナンスに関する含意を検討していきます。

7-2　スコーペックス・プロジェクト

シミュレーション向上のための実験計画

放射改変では、世界から関心を集める研究プロジェクトがあります。ハーバード大学のフランク・コイチュ教授とキース教授が進めているスコーペックス（Stratospheric Controlled Perturbation Experiment, SCoPEx）プロジェクトです[2]。プロジェクトの名前を日本語に訳せば、

「成層圏制御下摂動実験」になります。ビル・ゲイツ氏からも研究資金を受けています。

このプロジェクトは長い間議論されてきました。2014年にイギリス王立協会の紀要（学術誌）で、キース教授らが実験計画を論文として公表し[3]、ハーバードのプロジェクトチームは徐々に準備を進めてきました。研究の目的は、非常に微量のエアロゾルを成層圏で実際に散布し、その物理的・化学的なふるまいを観測することです。非常に小規模というならば、例えば成層圏を模した環境を地上に作って実験することはできないか、と思う人もいるかもしれません。しかし、キース教授らによれば、地上の実験室で成層圏をまねると、常に実験装置の壁があり、この壁が実験に対して悪さをするので、壁がない成層圏で実験が必要とのことです。この実験により、エアロゾルの振る舞いがより正確に分かり、気候モデルのシミュレーションを向上することができるというのがキース教授らの説明です。

小規模といっても一体どれほどの物質を散布するのでしょうか。およそ100グラムから2キログラムと言われています。これがどれだけ少ないかというと、仮に硫酸エアロゾルを使った場合、一般的な民間航空機が1分間に排出する硫黄の量より少ないとのことです。いかにこの実験の投入量が小さいか理解していただけるでしょうか。

スコーペックス・プロジェクトで散布する物質は炭酸カルシウムや水、硫酸エアロゾルが想定されています。炭酸カルシウムは黒板で使うチョークの主成分です。2キログラム程度であれば、これらの物質を成層圏で撒いたとしても、地上に到達するまでに薄められてしまいます。環境リスクは無視できるほど小さいといえるでしょう。このエアロゾルの散布には、高度20キロメート

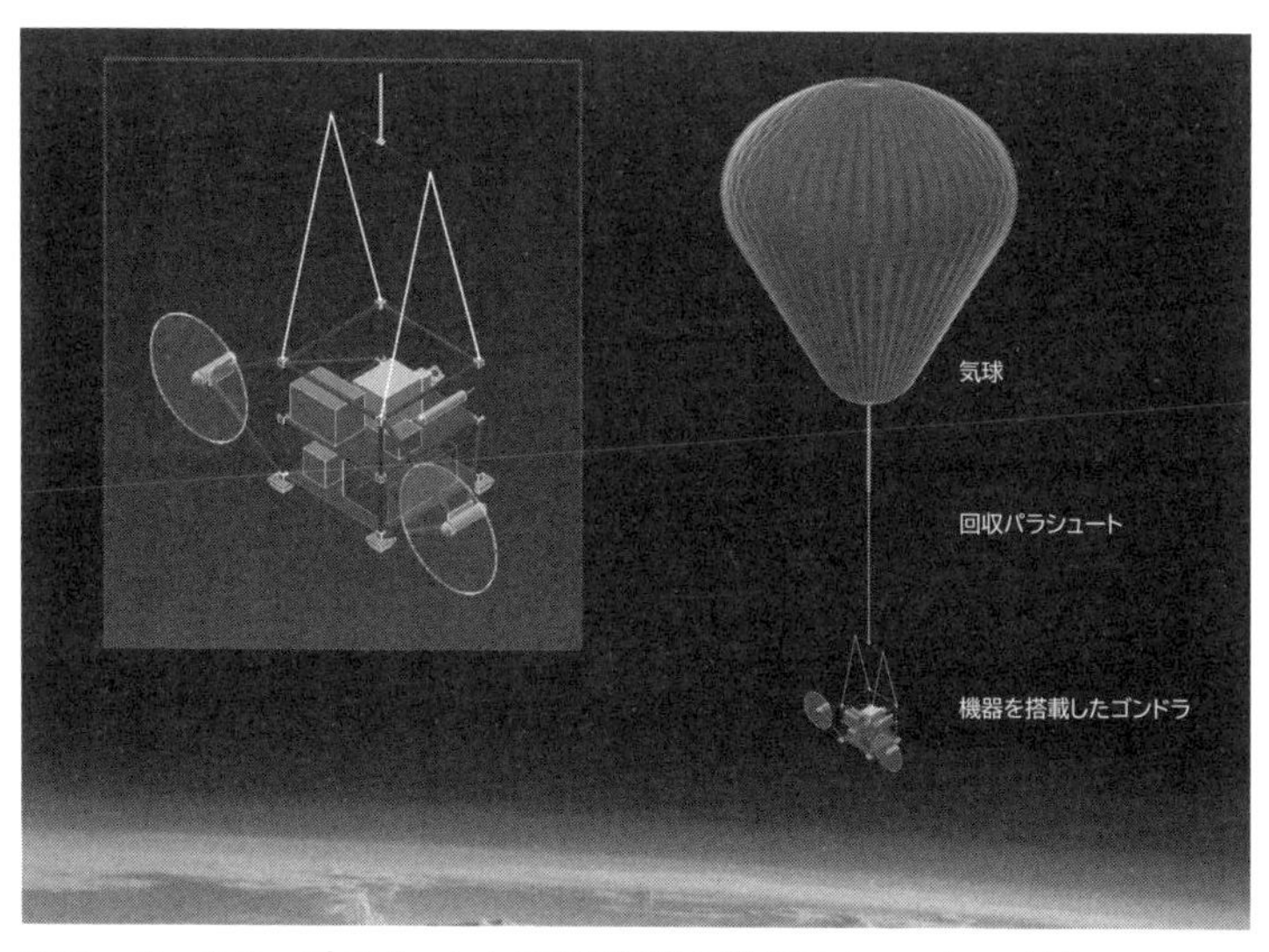

スコーペックス・プロジェクトの実験装置の模式図（ハーバード大学スコーペックス・プロジェクト提供）

ル程度の成層圏まで到達できる気球を使う予定です。機器を搭載したゴンドラが移動しながらエアロゾルを散布し、散布されたエアロゾルが24時間ぐらいにわたってどのように変化するかを調べます（写真）。２０２０年12月現在、２０２１年６月に実験装置（ゴンドラ）の動作試験のためにスウェーデンのエスレンジ宇宙センターから打ち上げを予定しています。気球の打ち上げはスウェーデン宇宙公社が担います。なお、この打ち上げは動作確認だけで成層圏での物質散布は伴わず、実際の実験はそれ以降になる予定です[4]。

スコーペックス・プロジェクトは、明確に気候科学の向上、特に放射改変のリスクの理解に重きを置いているのが特徴です。この実験が成功に終わったら（少なくとも自然科学の意味で）放射改変の実現に一歩近づくというわけではありません。第5章で紹介したグレート・バリア・リーフの雲白化実験は、噴霧器の性能を確かめるものでした。放射改変については賛否の意見が割れることから、効果より副作用やリスクを最初に研究することは合点がいきます。こうした意味でもスコーペックス・プロジェクトは先進事例といえます。

この研究プロジェクトは研究代表者の一人であるデビッド・キース教授が非常に気候工学に対して強い主張をすることや、世界で最初の成層圏エアロゾル注入の実験ということで非常に関心を集めています。同時に、批判的な意見を持っている人が一定数いることは間違いありません。こうした状況を踏まえて、スコーペックス・プロジェクトは非常に慎重に研究が進められており、またガバナンスのあり方にもかなり気を付けています。これについては次章で詳しく解説します。

7-3 どのように実施するのか

「安価」な放射改変技術のコスト見積り

今まで放射改変の科学的側面について語ってきました。こうした研究は、大学でいえばいわゆる理学部の研究者によってなされてきました。しかし、もし放射改変を実施するのであれば、適切なエアロゾルを生産し、飛行機など何らかの方法でそのエアロゾルを高度20キロメートルの成層圏まで持ち上げ、また散布する必要があります。これには工学部の研究も非常に重要になります。

しかしながら、気候工学は工学という言葉が使われているにもかかわらず、工学部ではさほど研究すべき領域とは考えられていません。２０１９年の全米科学アカデミー紀要の論考では、工学的側面は当面棚上げして、成層圏エアロゾル注入の実施を決定するまで本格的な予算投入は不要という意見もありました。[5] それでも工学的知見は長期的には極めて重要なため、ここで少し検討してみます。成層圏エアロゾル注入に限って、その注入手法と注入物質について考えてみます。

注入の方法については、実に様々な技術が検討されてきました。飛行機は誰もが思いつくでしょうが、ロケット、飛行船、気球や気球で吊り下げるパイプ、軍隊の銃砲など実に多くの手法が検討されてきています。変わったところでは、火薬ではなく電磁石のコイルを使って打ち放つコイルガンという手法も考えられました。それぞれコストと技術的成熟度、また他の応用分野からの転用可能性などが異なります。

高度20キロメートルの成層圏というと非常に高いと思われるかもしれませんが、気象庁は成層圏まで毎日観測用の機器をゴム気球で打ち上げています。全国16か所の気象官署や南極の昭和基地から気温や湿度、風向きなどを測る機器であるラジオゾンデをゴム気球で打ち上げています[6]（打ち上げたものは落ちてくるのですが、パラシュートで落ちてくるので危険ではありません）。ただ、ラジオゾンデは１００グラム以下と軽いのです。上述したスコーペックスの実験では2キログラムの物質と述べましたが、これもあくまでも実験用の重量です。成層圏エアロゾル注入の本格実施となると、１００万トンの規模での投入が必要になるでしょう。これを安価に、そして確実に成層圏に届ける必要性があります。

もっとも見込みがあるのが航空機です。少し細かく検討してみましょう。戦闘機のF－15は成層圏まで到達できますので、このような飛行機で運ぶのは一つの方法です。戦闘機は成層圏エアロゾル注入とは別の目的のために作られているので、この用途に最適化するともっと安価になるかもしれません。エネルギー総合工学研究所の森山亮博士らと私が行った共同研究の結果では、温室効果（放射強制力）の2ワット／平方メートルを相殺する冷却のためには、F－15を使う場合では一年あたり900億ドル（9・45兆円、1ドル＝105円）、新たな航空機では100億ドル（1・05兆円）の規模の予算がかかることを示しました。[7] この場合、必要なF－15は1330機にもなります。もちろん、人口が多い都市部でこうした飛行機が飛ぶわけではありませんが、これだけ多くの飛行機が必要となると、成層圏エアロゾル注入の飛行機を見かけるのは珍しいことではなくなるでしょう。

凄い規模だと思われる方もいるかもしれませんが、これは2ワット／平方メートルを冷やす場合の話です。終端問題の議論をしたときにも指摘しましたが、必要な飛行機の数も硫酸の量も全て、放射改変の冷却量に依存します。また、予算規模を考えると、コストは実は安いとも考えられます。超大国アメリカの年間軍事予算は80兆円の規模です。成層圏エアロゾル注入用に最適化された飛行機では1兆円規模ですから、十分に実施できるでしょう。また、例えばアメリカIT企業大手アマゾンのCEOのジェフ・ベゾス氏は世界有数の資産家ですが、2020年7月時点では彼の資産は20兆円に迫るといわれます。[8] 仮にこの資産を全て使うとすれば、年間1兆円として、20年間は放射改変が実施できることになってしまいます。

地球全体の気候を冷やすことが、一国どころか資産家でもできてしまうかもしれない。考えてみるとこれは実に恐ろしいことです。昨今、米中の情報分野での技術冷戦が指摘されるようになってきましたが、将来、軍拡競争ではなく気候制御技術開発競争が起きるのでしょうか。それとも風変わりな資産家が出てきて地球を冷やしてしまうのでしょうか。これは次の章で詳しく説明します。

科学技術の話に戻ります。確かに非常に大きな数の航空機が必要になりますが、実施自体はさほど難しくないことが分かりました。しかし、科学技術的により困難なのは、放射改変に効果があることを確かめるための観測システムの構築です。

前章で気候モデル研究について説明しましたが、気候モデルでは試行錯誤をして地球温暖化を相殺するには何トンの硫酸エアロゾルを注入すべきか、正確に計算することができます。しかし、気候モデルを飛び出して現実の自然を冷やす場合、このような試行錯誤はできません。気候システムには様々な不確実性があるため、そもそもどれぐらいの量を注入すべきか分からないのです。しかし、ここ数年の研究では気候を包括的に観測することができれば、注入する量を調整することで、例えば0・5℃だけ地球の気温を冷やすといったことが可能になるといわれています（専門的にいえば、簡単な制御理論を成層圏エアロゾル注入に応用すればできます）。

気象・気候の観測システムは、長年にわたって人類が構築してきた国際ネットワークです。気象庁が日々打ち上げるラジオゾンデの話を書きましたが、地球の気候は全てつながっているので、日本の天気予報をするのにも、世界中の気象のデータが必要です。これは世界中の国が相互にデータをやり取りしているからできるものです。ただ、この素晴らしい観測網は日々の気象や環境問題のために構築されてきており、成層圏エアロゾル注入のためにはできていません。そのためには、新しい観測衛星をロケットで打ち上げたり、地上や海での観測網を整備したりする必要が出てくるかもしれません。こうした整備には時間と資金がかかります。

エアロゾルの注入システムや観測システムの構築を始めると、工学系の研究者が関わってきます。工学の研究分野も様々な領域があるので一概には言えませんが、こうした研究領域が立ち上がると、関連研究で博士号を取得し、教授になり、学会ができ、また産業ができてきます。徐々に既得権益もできてくることでしょう。これはどんな分野にも当てはまることであり、現在の地球温暖化対策の代表格である太陽光発電や風力発電も、あと十数年すれば、今の石油メジャーにとってかわるソーラー・メジャーやウィンド・メジャーになるかもしれません。同様に、放射改変が本格的に始まれば、放射改変メジャーが生まれかねず、政治や政策にも影響力が出てくることになります[9]。放射改変が非常に論争的であることを考えると、これは避けるべきことでしょう。

すでに紹介した2019年の全米科学アカデミー紀要の論考では、理学的な気候モデル研究や小規模の屋外実験を大幅に拡充し、気候の危機が差し迫って本当に必要になった時点ではじめて、飛行機が必要になるような大規模な実験をすべきだという意見がありました。これは、放射改変メジャーなどが生まれる素地を、時間的に先送りする提案と理解できるでしょう。

いずれにしても、研究開発の順序について、社会的な影響を考えなければならないのが放射改変や気候工学の特徴です。気候工学がもし必要になる場合、より望ましい形で使われるように、技術開発を進めていかなければならないのです。すなわち、必要なのはガバナンスです。これについて、次章で解説します。

1 環境科学分野では様々な屋外での実験が行われています。例えば、大気中のCO_2濃度の増加は気候への影響に加えて光合成の促進（CO_2による施肥効果）ももたらすと考えられており、これの検証のために「開放系大気CO_2増加実験」が行われています。例として以下があります。
Tsukuba FACE「つくばみらいFACE実験施設」『農業環境技術研究所』
http://www.naro.affrc.go.jp/archive/niaes/outline/face/index.html（2020年11月20日アクセス）
例えば、農場で人工的にCO_2濃度を上昇させる実験です。

2 Keutsch Group at Harvard. (n.d.). SCoPEx: Stratospheric Controlled Perturbation Experiment. Retrieved January 24, 2021 from https://www.keutschgroup.com/scopex

3 Dykema, J. A., Keith, D. W., Anderson, J. G., & Weisenstein, D. (2014). Stratospheric controlled perturbation experiment: a small-scale experiment to improve understanding of the risks of solar geoengineering. Philosophical Transactions of the Royal Society A: Mathematical, Physical and Engineering Sciences, 372(2031), 20140059.
https://doi.org/10.1098/rsta.2014.0059

4 Keutsch Group at Harvard (2020, Dec. 15). Press release. SCoPex statements.

https://www.keutschgroup.com/scopex/statements

5 MacMartin, D. G. & Kravitz, B. (2019) Mission-driven research for stratospheric aerosol geoengineering, PNAS, 116 (4) 1089-1094.
https://doi.org/10.1073/pnas.1811022116

6 気象庁（n.d.）「ラジオゾンデによる高層気象観測」
https://www.jma.go.jp/jma/kishou/know/upper/kaisetsu.html（2021年1月24日アクセス）

7 Moriyama, R., Sugiyama, M., Kurosawa, A., Masuda, K., Tsuzuki, K., & Ishimoto, Y.(2017)The cost of stratospheric climate engineering revisited, Mitigation and Adaptation Strategies for Global Change, 22, 1207-1228.
https://doi.org/10.1007/s11027-016-9723-y

8 Yeung, A. A.（2020）「世界1の富豪ジェフ・ベゾスの資産が約20兆円に、記録更新」『Forbes JAPAN』
https://forbesjapan.com/articles/detail/35739（2020年11月20日アクセス）

9 研究領域によっては応用範囲が広く既得権益になっても柔軟に変化していく場合もあると思います。

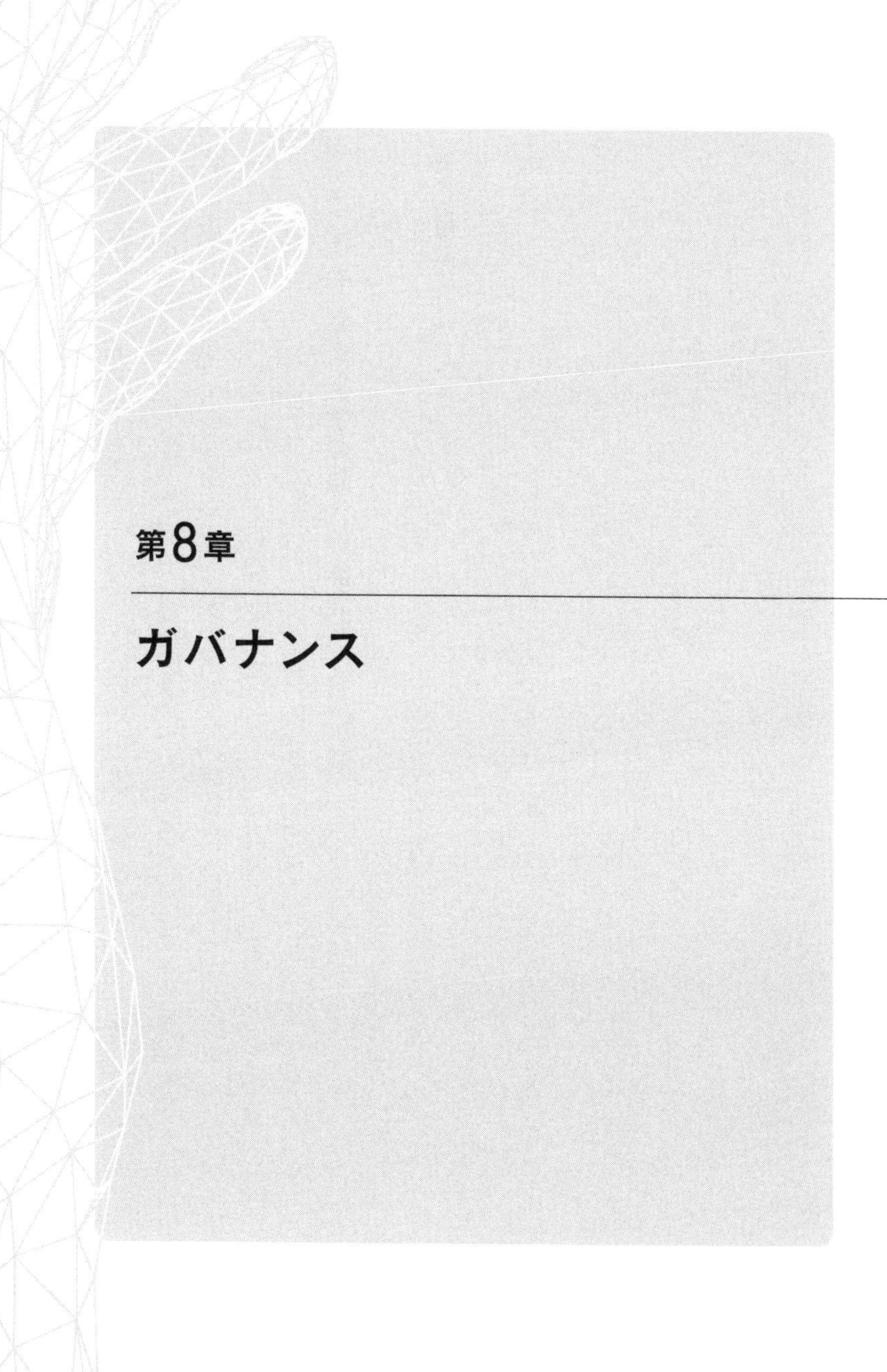

第8章

ガバナンス

8-1 気候工学の最大の課題

最大の課題はガバナンス

放射改変の研究が科学者によって進められていることを述べてきましたが、ここで一歩止まって考えてみましょう。社会における科学技術のあり方は、そもそも研究者によって決められるべきではありません。技術の未来のあり方を決めるのは市民であり、私たち自身ということです。そしてこれを可能にするのが科学技術ガバナンスです。この分野の進展で、最近では技術の開発にあたって倫理的・法的・社会的な課題（英語の頭文字をとってＥＬＳＩと呼ばれます[1]）を考慮し、技術開発の初期段階から方向性を考える、責任ある研究とイノベーション（ＲＲＩ[2]）という考え方が広まりつつあります。

気候工学の最大の課題はガバナンスであることは、長年にわたって多くの科学者が認識してきており、強い合意があります。この章では研究と実施に分けて、放射改変のガバナンスについて考えていきます。

成層圏エアロゾル注入に代表される放射改変。この技術が、使い方によって毒にも薬にもなるということは、何度も述べてきました。いわずもがなですが、放射改変は地球温暖化対策として、少なくとも世界の平均気温の低下という点では効果があると思われています。同時に、潜在的な問題は、枚挙に暇(いとま)がないほど多数あります。例えば、放射改変という対策手段があるということを知って、本質的な対策である緩和策や適応策への関心が減り、これらの対策がないがしろにされる懸念（緩和の抑止またはモラル・ハザード[3]）があります。また、先にも述べましたが、放射改変が急に停止された場合、気温上昇が速まるという終端問題もあります。さらに、気候変動対策は弱者を守るために行う必要性があるわけですが、放射改変は先進国にコントロールの権限が集中することで不平等を拡大してしまうおそれもあります。特定の国による単独実施の危険性すらあります。さらに軍事目的に転用される可能性すらあるという指摘もなされています。

もちろん、放射改変に伴う問題は、現時点で出尽くしたわけではありません。今後の研究開発や実施の方向性によっては、他にも大きな副作用を及ぼしたり、社会的な問題を多く引き起こしたりする技術になるかもしれません。一方、地球温暖化対策を助け、社会にとって望ましい技術になるかもしれません。この技術が将来、未来にどのように開発されていくかは、社会がこの技術にどのように向かい合うかにかかっています。

もう少し具体的に考えてみましょう。成層圏に散布する物質は何がいいでしょうか。あるベンチャー会社が作った、特許に基づくナノテクを駆使した人工的な物質を散布するのが良いのでしょうか。それとも、世の中に溢（あふ）れていて、火山噴火などの結果、自然に冷却効果も発揮することがわかっている硫酸のミストはどうでしょうか。硫酸と聞くと怖いかもしれませんが、繰返し述べてきたように、自然の原理を利用していることは確かです。人工的な物質よりも納得される方は多いかもしれません。

もちろん、そもそもこの技術を使う必要性はあるのかという問いもあります。神に成り代わって人間が気候を弄（いじ）るということに、生理的な違和感を感じる人もいるかもしれません。世の中には、国際的な合意で禁止されている技術もあります。例えば、生物・化学兵器は生物兵器禁止条約と化学兵器禁止条約で国際的に禁止されていますが[4]、放射改変も完全に禁止した場合の便益とリスクを考慮した上で、使わないという意思決定をすることも考えられます。

一度出来上がると技術は変えるのが難しい

未来の放射改変を考えるにあたって、一つ重要な点があります。それは、技術は一度開発されると方向性を変えるのが非常に難しいということです。専門的には「（技術開発の）経路依存性」と呼ばれたり「ロックイン」と呼ばれたりします[5]。技術が社会に埋め込まれると、補完的な技術やユーザーのニーズ、また既得権益ができてしまうため、変化させるのが難しいのです。

よく知られた例では、QWERTY配列型のキーボードがあります（数字キーの下の行を見ると左から文字列が「Q、W、E、R、T、Y……」となっているので、こう呼ばれます[6]）。実用的なタイプ・ライターが作られたのは、19世紀の後半でした。当時の特許を見ると[7]、最初はアルファベットの配列通りになっていましたが、徐々に改善が加えられ、現在のＱＷＥＲＴＹと呼ばれるキーボードの配列になりました。時を進めて21世紀。現代ではキーボードは電子的な装置ですし、そもそもスマートフォンのように一瞬で配列を変えることができるものも増えてきています。しかしながら、現在の多くのパソコンはＱＷＥＲＴＹ配列であり、物理的に自由な配列を選べるスマートフォンやタブレットですらこの配列がよく使われています。つまり、19世紀の技術が21世紀になっても使われているのです。

しかし、そのような側面があったとしても、技術が出来上がる前にその未来の姿を考えて、望ましい姿に導くのは非常に難しいことです。タイプ・ライターが登場した当時は市場規模も小さく、タイピストの人口も少なく、販売会社がこの配列を変えようとすれば、すぐ変えることができたでしょう。しかし、最初のタイプ・ライターの開発者が、21世紀のスマートフォンやタブレットでも彼らのキー配列が使われることを想像することができたでしょうか。答えは否です。これは専門的に「コリングリッジのジレンマ」と呼ばれます[8]。未熟な技術は、まだ既得権益もなければ利用者の数も少ないため、技術の改変はしやすいですが、一方、将来の社会的な影響を事前に把握するのは難しいのです。逆に言えば、一度技術が成熟してしまうと、その社会的な影響が顕在化しても、既得権益やその技術に依存する利用者が多くなり、技術をコントロールしたり、やめたりするのが難しくなります。このジレンマに対する明確な回答はありませんが、このことからも技術開発とガバナンスは並行して行う必要性があるということは分かっていただけるかと思います。

8-2 「ガバナンス」と呼ぶ理由

政府以外の取り組みの重要性

さて、ではそもそも科学技術ガバナンスとは何でしょうか。文字面だけ見れば、科学技術に関するガバナンスであることは間違いないですが、ではなぜわざわざガバナンスという横文字を用いるのでしょうか。規制や政策ではだめなのでしょうか。

ガバナンスという言葉は、政府を意味するガバメントと対比されます。この概念は、政府に加えて、それ以外の主体の取り組みが科学技術に関連する社会の課題に貢献すべきであるという理論的な視点と、実際に政府以外の様々な取り組みが科学技術の方向性に影響を与えているという実証的な視点に基づいています。新たな技術の方向性を決めるのに、ビジネスや市民社会、学術界の様々な動きが、政府の規制以外にも大きな役割を担っているのです。放射改変について述べると、政府の規制以外に学会の指針、研究者の倫理原則、大学における研究倫理審査の枠組みなど、様々な取り組みが重要になります。なお、誤解がないように書いておきますが、ガバナンスでは政府の役割が重要でないという意味ではありません。政府による規制が必須の場合もあります。

科学技術ガバナンスは放射改変に限られません。むしろ放射改変の議論は後発で、先端科学技術に限っても遺伝子組み換え技術、ナノテクノロジーなどで議論が先行し、最近では人工知能やゲノム編集技術などで議論が進んでいると言えます。もちろん、原子力発電や牛海綿状脳症（BSE）などについても盛んな議論がありました。学問分野ではイノベーション研究、科学技術政策、科学技術社会論などで議論が進んでいます。

科学技術ガバナンスを考えるにあたっては、1975年に非常に重要な会議が開かれています。アメリカ・カリフォルニア州モントレー郡アシロマーという海沿いのリゾートで開催された、アシロマー会議です[9]。遺伝子組み換え技術が登場して間もない頃、アメリカでは主にこの技術を用いた研究を進めていくべきかどうか、安全性などをめぐる議論が起きました。こうした問題を踏まえて、前年の1974年には生物学者でスタンフォード大学教授だったポール・バーグ博士（1980年のノーベル化学賞受賞）が中心となり、全米科学アカデミーが世界に向けて研究を停止するモラトリアムを呼びかけ[10]、同様の主張は国際科学誌である『ネイチャー』『サイエンス』『全米科学アカデミー紀要』などでも呼びかけられました。

1975年の会議では世界中から主に生物学者が参加して、このモラトリアムを終えるにはどのような規制や対応が必要かを議論しました[11]。この会議の結果、1976年にアメリカの遺伝子組み換え技術に関するガイドラインの制定につながりました。この例では、最終的に国レベルでの方向性が決まりましたが、それに至るまでは科学者の自発的な議論が極めて重要な役割を果たしました。

アシロマー会議について一言を付け加えておくと、この会議は専門家集団の会議でした。参加者は世界中の科学者、弁護士やジャーナリストたちです。広い視点で議論した事は間違いないでしょうが、社会科学者や一般市民の意見について直接的なインプットはありませんでした[12]。

8-3 市民の意見で方向性を決める

市民が技術を忌避するのは知識が欠けているからではない

最近の科学技術ガバナンスでは、一般市民や多様なステークホルダーの意見を取り込むことが重視されてきています。欧米では科学技術のガバナンスにおいて、遺伝子組み換え食品、ナノテクノロジー等、さまざまな先端技術について市民参加の試みが行われてきました。理論的にも、熟議民主主義や科学技術社会論等の進展もあったことが貢献していると思われます。

科学技術は特に込み入った話になればなるほど、非常にテクニカルな難しい議論になり、ステークホルダーはともかく、一般市民は参加できるのか、という疑問を持つ人もいるかもしれません。読者の方の中にも、ややこしい議論は専門家に任せたいという態度の方もいるでしょう。過去にはもっと極端な考え方で、「専門家が正しい知見を持ち、一般市民に正しい知見を伝えれば理解が深まる」とする（知識や情報の）「欠如モデル」という考え方もありました。一般市民が原子力の放射能を怖がり、遺伝子組み換え食品を非合理な理由で避けるのは、科学的な知識が足りないからであって、正しい教育をすればこうした社会的問題に対する懸念は自然になくなっていくという考え方です。

確かに科学リテラシーは重要ですし、科学技術の理解も議論に役立つでしょう。しかし、社会では純粋に科学技術で決められることは少なく、専門家が指摘することには経済や社会に関する価値判断が混じります。そもそも、特定の研究分野に予算を充てることですら価値判断が入り込みますし、社会・経済に関わるような分野で価値独立的に客観的に決まることは非常に少ないのです。[13]また、市民側も、理解が不足しているから特定の科学技術に受容性が低いというわけではないのです。近年の研究では、市民もきちんと理解をしたうえで判断ができることが分かってきました。実際に市民との対話によって分かってきたことの重要な点としては、第一に市民は科学技術について合理的に議論することができるということ、第二に市民は個々の科学技術を区別して判断できるということです。

第一の点は、先ほど述べた欠如モデルを反証するもので、市民は適切な情報を受け取れば合理的に議論できるということです。もちろん、一般市民ですからどのような情報を受け取るかによって影響は受けてしまいますし、科学リテラシーが高いに越したことはないのですが、非常に新しいトピックでも議論の内容は感情論に陥ることもなく、技術の利点や問題点を合理的に議論できるのです。詳しくは後述しますが、私自身、気候工学のグループ・インタビューの研究に参加しましたが、司会の方が説明を読み上げた後、市民の方は様々な論点について合理的に議論していました。[14]

第二に、これは非常に重要な点だと思いますが、市民は、専門家からするとわずかな違いでも大きな違いだと判断する場合があるということです。リスク心理学などの権威でカーネギー・メロン大学教授のバルーク・フィッシュホフ博士は、２００１年の論文で、一般市民は食品に利用する遺伝子組み換え技術と医療に関する遺伝子組み換え技術を区別することを指摘しています。[15]確かに遺伝子組み換えという技術は幅広く応用できるので、科学者から見ればそうした技術的な用途の違いに根本的な違いを感じないかもしれません。しかし、遺伝子組み換え食品については、多くの国で反対運動があったりラベリング制度が導入されたりしています。一方で、遺伝子組み換えの医療応用についてはそのような問題をほとんど見かけません。放射改変でもそうかもしれません。同じ技術だとしても誰が、どのように、何の目的で行うかによって、一般市民は随分違う意見を述べるかもしれません。

市民の意見で技術開発を方向付ける

一般市民やステークホルダーの意見を取り入れて科学技術の方向性を決めていくという考え方は、特に欧州で一定の市民権を得たといえます。欧州連合の大規模科学研究プロジェクト、「ホライズン２０２０」では、「責任ある研究とイノベーション（Responsible Research and Innovation）」という概念が、全体を貫く重要な考え方の一つ（cross-cutting issue）として打ち出されています。そこでは、研究開発において社会の関与を増やしたり、倫理的な視点を考慮したりするということの重要性が述べられています。

社会との対話の具体的な手法としては、少人数で市民が主体的に進めるコンセンサス会議や、世界的に大規模で行われる世界市民会議（World Wide Views, WWV）などの様々な手法があります。日本でもコンセンサス会議は、遺伝子組み換え食品やナノテクノロジーなど科学技術に関するトピックや、脳死や臓器移植といった生命倫理に関するトピックを対象に、１９９８年ごろから開催されてきています。また、世界市民会議も地球温暖化や生物多様性をテーマに実施されてきており、日本も参加してきています。[16] さらに、２０１１年の東日本大震災を受けて、２０１２年の民主党（当時）政権下でエネルギー政策に関する討論型世論調査が実施されましたが、これも似たような取り組みということができます。[17] これらの取り組みに共通しているのは、バランスの取れた科学的情報をもとに、一般市民が議論して考えをまとめるというものです。

技術好きの方や自然科学のバックグラウンドを持っている人からすると、この考えには違和感を覚える人がいるかもしれません。極端なことをいえば、基礎研究分野のように単に研究者による自由な発想に任せるのではなく、研究の初期段階から社会との対話を通じて、幅広い社会的な関心や懸念を考慮していくことが必要なのです。もちろん、これは全ての学術分野に適用されるわけではありませんが、科学技術が社会に与えるインパクトを踏まえると、分野によっては、この流れは致し方ないように思います。

8-4 ガバナンスの現状

一定の網をかけた生物多様性条約とロンドン条約・議定書

抽象論はこれぐらいにして、実際に放射改変のガバナンスの現状について説明します。法的な面でいうと、間接的ながら放射改変に関連する法律や条約は多数あります。しかし、直接的に規制する国内法や国際条約はありませんし、放射改変に絞った科学的アセスメントも行われていません。こうした状態を補うかのように、ボトムアップの様々なガバナンスの取り組みがなされてきています。例えば、オックスフォード大学の研究者らによる研究原則や、研究に関する行動規範などの作成の取り組みが挙げられます。

最初に国際条約について検討します。[18] 2010年に愛知県名古屋市で、国連の生物多様性条約の締約国会議が開催されました。会議の中心的な議題は生物多様性の保全の目標（愛知目標）でしたが、この時気候工学についても議論がなされました。気候工学に批判的な国が技術を禁止するモラトリアム（禁止）の原案を出したところ、修正にあい、正当な科学研究以外は避けるべきとの法的拘束力がないガイダンスが合意されました。環境NGOでは、この決議をモラトリアムと解釈するところもありますが、法的拘束力がないので違反しても罰則はありません。また、生物多様性条約ではアメリカが締約国ではないので、アメリカには何も影響力がありません。なお、生物多様性条約ではその後議論の進展があり、生物多様性に資する気候工学のあり方について定期的にレビューが行われ、レポートが出されています[19]。

第３章で説明したように、鉄散布による海洋肥沃化には２００７年のプランクトスや２０１２年のハイダ・グワイの取り組みなど、科学的とは呼べない多数の試みがありました。こうした問題を踏まえて、海洋廃棄物汚染防止のロンドン条約・ロンドン議定書では、海洋ジオエンジニアリング（marine geoengineering）の規制の枠組みが打ち立てられました。この枠組みでは、新たな実験が行われる場合の評価枠組みなど、包括的なシステムができあがっています。

生物多様性条約も、ロンドン条約・ロンドン議定書も、一定の方向先を示していますが、国際条約は全ての国が加わっているわけではありません。したがって、こうした取り組みは素晴らしいものの、実社会でのインパクトについては限界があります。

国際的議論の本格化の予兆

２０１９年３月にケニヤのナイロビで開催された第４回国連環境総会では、放射改変・CO_2除去をあわせた気候工学が議題に上りました。スイスなど12か国によって、科学やガバナンスの現状の評価を国連環境総会の事務局に依頼する決議案が提案されました。しかし、決議案はアメリカ、サウジアラビアなどの反対を受け、その後、決議案の大幅な書き直しなどの妥協が図られたものの、残念ながら合意には至りませんでした[20]。とはいえ、国連環境総会は、国連において環境問題を主に担当する国連環境計画におけるもっとも重要な会議の一つであり、合意に至らずとも今回の決議案は、今後このような議論が国際舞台で本格化していく兆しと捉えられます。

気候工学に関連する条約は他にも多数存在します。気候の問題ですから気候変動枠組条約は関連しますし、宇宙太陽光シールドであれば宇宙条約が関連するでしょう。成層圏エアロゾル注入は成層圏に物質を注入するため、オゾン層に関するウィーン条約とモントリオール議定書に関連します。もし、軍事的な適用が懸念される場合は、環境改変技術敵対的使用禁止条約が関連することになるでしょう[21]。ただ、どの条約も気候工学を直接的に規制しているわけではありません。また現時点では研究に関心が集まっていますが、実施の段階になると国連の安全保障理事会が関係してくると考えられますし[22]、放射改変によって影響を受ける国への補償の枠組みについても検討する必要性が出てきます[23]。

放射改変はグローバルな技術なので国際条約に関心が集まりますが、国内法も重要です。屋外実験や実験装置を作るとなると、工場や発電所を設置するように環境アセスメントが必要になります。このように、気候工学に特化した枠組みはありませんが、一定の網がかかっていると理解することができます。

気候工学研究に適用されるオックスフォード原則

ガバナンスについて、法的な枠組み以外にも様々な取り組みがなされています。特に有名なのはオックスフォード原則と呼ばれる倫理原則です。第3章で書いたように、2009年にはイギリス王立協会から重要な気候工学の報告が発表されました。この報告書を受けて、報告書の執筆者の一人であったオックスフォード大学のスティーブ・レイナー教授らは、イギリスの議会の要請に応じて、2009年に気候工学研究に関する原則について提案をしました。[24]少し話がそれますが、レイナー教授は、気候変動問題では気候工学に限らず科学と政治の交錯する領域において多くの功績を残しています。[25]残念ながら彼は2020年1月に他界しましたが、気候変動に関して何か新しいアイデアを思い付いたら、25年前にレイナー教授が既に書物に書いているといわれるほどでした。[26]

さて、オックスフォード原則は次の五原則からなります。

1. 気候工学の公共財としてのガバナンス
2. 気候工学の意思決定への公衆参加
3. 気候工学研究の情報開示と結果の公表
4. 影響の独立した評価
5. 実施前のガバナンス

（原文では「ジオエンジニアリング」が用いられていますが、ここでは気候工学としました）

どの原則も簡潔ですが、技術によって解釈を変える必要性があります。

原則1は、気候工学は人類全体や生態系のために使うものであり、そのため公共的な目的で規制などが整備されるべきということです。特にCO_2除去については、第4章で述べたようなクライムワークスといった私的な営利企業が参入できるようにすることが必要ですが、放射改変についてては私企業の関与は限定されるべきだと解釈できます。

原則2は、気候工学については、一般市民やステークホルダーなどそれによって影響を受ける人々が意思決定に参加すべきということです。全世界の気温を直接的に低下させる放射改変は潜在的には全世界の人が対象になりますが、CO_2直接空気回収プラントは、その周りの地域住民や、近隣国の国民ぐらいが範囲になるでしょう。

原則3は、研究計画などを一般に広く情報開示し、悪い結果も含めてすべて公開すべきということです。研究プロジェクトの透明性を高めて、社会からの信頼を高めていく必要性を主張しています。

原則4は、気候工学の効果や不確実性についての評価は、研究実施主体とは独立した第三者機関によって実施させるべきということです。また、影響が一国の国境を越えて広がる場合は、国際機関などによって評価がなされるべき、ということも主張しています。

原則5は、実施に関する意思決定は、頑健なガバナンスの枠組みができあがるまではしてはいけないというものです。ただ、こうしたガバナンスは新しい国際条約とは限られず、既存の枠組みの改正でも対応できるかもしれません。また、ガバナンスのあり方はCO_2除去と放射改変では大きく異なると思われます。

オックスフォード原則は認知度が高く、また実際のガバナンスに影響を与えてきたといえます。2009年にレイナー教授らが公表した後、イギリス議会下院の委員会がこの原則を採用し、その後イギリス政府も採用しています。次の節で述べるように、実際にこの原則はイギリスのある研究プロジェクトの一部で計画していた実証実験の中止の判断について影響を与えました。

影響はイギリスに限りません。２０１０年には、１９７５年の遺伝子組み換え技術に関するアシロマー会議が開かれた同じ場所で、気候工学のガバナンスの会議が開かれ、この会議終了後、委員会からはオックスフォード原則をなぞった形の原則が提案されました。それ以外にも、カナダのカルガリー大学のアンナ・マリア・ヒューバート博士は、原則をより深めた行動規範を提唱しています[27]。扱う内容が多岐にわたるため簡潔な説明が難しいですが、こうした努力が続けられていることが重要です。

また、学会でも方針を明確にしているところがあります。全米地球物理学連合は早くから気候工学に関する立場を明らかにして、ポジション・ステートメントとしてまとめています[28]。そこでは、社会との対話の必要性を認識しながら、研究を強化する方向性を打ち出しています。

論争的な研究を方向付けていく

以上、法的枠組みや原則を述べてきましたが、今後、放射改変の研究が拡大する中、具体的な事例を考えることが重要になっていくと思われます。

現時点では放射改変の研究のほとんどが、研究者が小規模な研究費をもらって行う研究か、大規模な研究プロジェクトの一部として行われているものです。またほとんどが机上のコンピューターを用いたシミュレーションか社会科学の研究です。放射改変の実施には程遠く、自然環境への影響も（コンピューターを使うことによって排出されるCO_2などを除けば）極めて小さいため、社会的な問題も大きくないと言えるでしょう。

一方で、アメリカでは、２０１９年12月に通った連邦予算で、４００万ドル（４・２億円、１ドル＝１０５円換算）が「太陽気候介入（solar climate intervention）」という名で、放射改変のための資金として確保されて、ＮＯＡＡ（全米海洋大気庁）が研究を進めることになりました。これは、アメリカ連邦政府では初めてのことです。[29] 特に研究が屋外実験などを含むようになると、実施に近づいてきますし、また環境への影響など色々な懸念が出てきます。今後このような動きが大きくなる場合、法律や原則を個別具体的に適用し、研究プロジェクトのガバナンスについて考えていく必要性があります。

放射改変については、すでにいくつかのプロジェクトでガバナンスの仕組みを明示的に考慮しています。ここでは具体的な事例として、イギリスのスパイス・プロジェクトとアメリカのスコーペックス・プロジェクトについて述べたいと思います。

英国スパイス研究プロジェクト

２０１０年から3年半、イギリスで成層圏エアロゾル注入に関する分野横断的な研究プロジェクトが行われました。「気候工学に向けた成層圏微粒子注入（Stratospheric Particle Injection for Climate Engineering, SPICE）」と呼ばれるもので、略称はスパイス・プロジェクトでした。研究代表は、ブリストル大学の火山学の専門家マシュー・ワトソン博士です。この研究プロジェクトでは、エアロゾル物質の検討と気候モデル研究に加えて、注入装置の実証実験も含まれていました。

このプロジェクトの特徴は、注入装置のパイプの実証実験です。成層圏エアロゾル注入を実施する際は、高度約20キロメートルの上空にエアロゾルを注入し続ける必要性があります。さまざまな手法が検討されていることはすでに述べましたが、SPICEで検討した注入装置は、気球によってパイプを吊り下げるという技術でした。地上から高圧力でエアロゾルを送り込み、パイプをつたって高度20キロメートルまで到達するのです。上空から吊り下げられるほどの軽さで、なおかつ上空の寒い気温や高圧に耐えてパイプはどのように設計するか、またコストはどうかなど、工学的に検討することは多々あります。

もちろん、いきなり20キロメートルまでのパイプを作ることは現実的ではありません。スパイス・プロジェクトでは20キロメートルではなく、上空1キロメートルまで持ち上げることが提案されており、散布するのも硫酸ではなく水を予定していました。

スパイス・プロジェクトは、先ほど掲げた欧州の責任ある研究とイノベーションの考え方が反映されており、一般市民の声を取り込む仕組みができていました。研究開発プロジェクトでは、一般的に、研究がある段階から次の段階に進むのに関門（ステージゲート）を設けることが多いです。スパイスも同様でしたが、一つ興味深いところがあります。ステージゲートは技術的な側面だけではなく、社会的な観点も検討することになっていたのです。実験が安全で悪影響がないことを示すだけでなく、一般市民やステークホルダーの意見を適切に取り入れるメカニズムがあることが条件になっていました。

市民参加の研究部分を担当したのは、カーディフ大学のニック・ピジョン教授の研究グループでした[30]。3都市（カーディフ、ノリッチ、ノッティンガム）で一般市民を招待した1・5日の熟議ワークショップを開催し、32人が参加した上で、彼らの意見を聴取していきました。1日目、参加した市民は専門家からのブリーフィングを受けた後で、気候工学について議論しました。2日目はスパイス・プロジェクトについて説明し、市民からの意見を聴取しました。成層圏エアロゾル注入の提案自体には違和感を感じた人が多かったものの、実証実験についてはほとんど全員が賛成しました（一般市民ではなく環境NGOでは研究自体に反対をしていたところがありました[31]）。

さらに、ステージゲートの評価委員の追加的な要望で、ステークホルダーとの対話も行いました。このように、市民との対話や気候モデル研究の進展など、一見順調に見えたスパイス・プロジェクトでしたが、途中で大きな問題にぶち当たります。スパイス・プロジェクト開始前に、関係者により注入装置に関する特許が出願されていたことが明らかになったのです。このままプロジェクトが進み技術が実用化されると、その特許は利益をもたらすので、利益相反の怖れがありました。これは、オックスフォード原則の原則1（気候工学の公共財としてのガバナンス）に反することになります。このような状況を踏まえて、2012年5月、プロジェクト中止の判断が下されました[32]。

実験が途中で中止になってしまったことは、研究に関わっていた人から見れば非常に残念ではありますが、一方でこの判断は、科学技術ガバナンスがうまく機能した例としてみることができます。

米国ハーバード大学スコーペックス研究プロジェクト

第7章で説明したハーバード大学の研究プロジェクト、スコーペックスでも、ガバナンスの仕組みを設けています。2キログラム程度のエアロゾルを成層圏に散布するという研究プロジェクト自体に諮問委員会を設けて、どのように研究を効率的に進められるか、市民との対話といったガバナンスをどのように適切なものにできるか、といったアドバイスを受けています。放射改変が論争的であることを踏まえて、研究を最終的に進めるべきかどうかについても、諮問委員会から助言を受けることになっています。

諮問委員会の委員長はルイーズ・ベーズワース博士でした。彼女の本職はカリフォルニア州の戦略的成長評議会の事務局長で、長年カリフォルニア州の気候変動政策について携わってきました。メンバーの構成としては、政策の専門家、気候科学の専門家、ガバナンスの専門家、シナリオの専門家などが含まれます。ただ、基本的にはアメリカ中心の人選になっています[33]。

諮問委員会はアメリカの議論だけではなく、世界に広く意見を求めることにしました。彼らは、2020年6月から7月まで、スコーペックスのガバナンスに関する意見の募集をインターネットで行いました。これについて、気候工学のガバナンスに関する国際NGOカーネギー・クライメット・ガバナンス・イニシアチブ（C2G）の代表ヤヌス・パスター氏は、スコーペックス・プロジェクトがこのような機会を設けることは素晴らしく、特に今後の研究のモデルケースとして扱われることを考えると、慎重な検討が必要であることを指摘しています。[34] 私自身も他の研究者と協力して、日本・アジアの視点からの意見も提示させていただきました。

自然科学者や工学者の中には、たかが2キログラムの物質を成層圏に撒くことについて、なぜここまで慎重な対応を取らなければならないのか、疑問に思う方もいるかもしれません。実験を主導するキース教授とコイチュ教授は、おそらくこのプロジェクトだけを考えているわけではないのでしょう。今後このような研究プロジェクトが増えるケースも考えて、どのように適切な形のガバナンスを進めていくか、そのモデルケースになるように慎重に進めているのだと思われます。

しかし、残念ながら本稿執筆時点で、諮問委員会の委員長の辞任のニュースが入ってきました。カリフォルニア州の政府高官が諮問委員会の委員長を務めているということで、カリフォルニア州が公式に放射改変を支持しているように受け取られる懸念が出てきたため、というのが理由のようです。成層圏エアロゾル注入にまつわる議論の厳しさを感じさせるエピソードです。

1 Ethical, Legal, and Social Implicationsの略。日本でも様々な研究が行われています。例えばRISTEX（2020）「「科学技術の倫理的・法制度的・社会的課題（ELSI）への包括的実践研究開発プログラム」について」『RISTEXホームページ』

https://www.jst.go.jp/ristex/funding/elsi-pg/（2020年11月20日アクセス）

2　Responsible Research and Innovationの略。Responsible Innovation だけでも使われます。Stilgoe, J., Owen, R., Macnaghten, P. (2013) Developing a framework for responsible innovation. Research Policy, 42(9), 1568-1580.
https://doi.org/10.1016/j.respol.2013.05.008

3　以前はモラル・ハザードという言葉がよくつかわれていましたが、最近では正確でないということで緩和の抑止(mitigation deterrence）という表現が用いられるようになりつつあります。モラル・ハザードは情報の経済学で使われる概念で、よく使われる例として、保険を購入したり保険的対策を取った人がよりリスクを取るようになることがあります。モラル・ハザードは保険者と被保険者の間の情報の非対称性が原因になりますが、気候工学の文脈ではこれがないため、不正確な表現になります。

4　外務省（2013）「生物・化学兵器を巡る状況と日本の取組（概観）」『外務省ホームページ』
https://www.mofa.go.jp/mofaj/gaiko/bwc/torikumi.html（2020年11月20日アクセス）

5　Arthur, W.B.(1989)Competing Technologies, Increasing Returns, and Lock-In by Historical Events, The Economic Journal, 99(394), 116-131.
https://doi.org/10.2307/2234208

6　David, P.A.(1985)Clio and the Economics of QWERTY, The American Economic Review,75(2), 332-337.
https://www.jstor.org/stable/1805621

7　Sholes, C. L., Glidden, C., Soule, S. W. (1868). Improvement in Type-writing Machines (U.S. Patent No. 79,868). U.S. Patent Office.

8 Collingridge, D. (1982) The social control of technology, New York: St. Martin's Press. https://www.worldcat.org/title/social-control-of-technology/oclc/14691448?referer=di&ht=edition

9 Berg, P. (2008) Asilomar 1975: DNA modification secured, Nature, 455, 290-291. https://doi.org/10.1038/455290a

10 Berg, P. et al. (1974) Potential Biohazards of Recombinant DNA Molecules, Science, New Series, 185(4148), 303. https://www.jstor.org/stable/1738673

11 Berg, P., Baltimore, D., Brenner, S., Roblin, R. O., & Singer, M. F. (1975). Summary statement of the Asilomar conference on recombinant DNA molecules. Proceedings of the National Academy of Sciences of the United States of America, 72(6), 1981. https://doi.org/10.1073/pnas.72.6.1981

12 Peterson, M. J. (2010). Asilomar Conference on Laboratory Precautions When Conducting Recombinant DNA Research. International Dimensions of Ethics Education in Science and Engineering. https://scholarworks.umass.edu/edethicsinscience/23/

13 科学技術に予算をどれほど投入すべきかは、仮に経済成長に貢献するとしても経済成長を社会の中でどのような優先順位にするかという問題もあります。また仮に科学技術予算の総額が決まったとしてもどの分野にどれほど充当するかは極めて価値依存的ですし、研究分野間での交渉や調整、また政策決定プロセスが絡むことになります。

14 Asayama, S., Sugiyama, M., Ishii, A. (2017) Ambivalent climate of opinions: Tensions and dilemmas in understanding geoengineering experimentation, Geoforum, 80, 82-92.

http://dx.doi.org/10.1016/j.geoforum.2017.01.012

15 Fischhoff, B., & Fischhoff, I. R. (2001). Publics' opinions about biotechnologies. AgBioForum, 4, 155-162.
https://www.agbioforum.org/v4n34/v4n34a02-fischhoff.htm

16 三上直之（２０１６）コンセンサス会議（日本ミニ・パブリックス研究フォーラムの設立総会に関する特集号）『地域社会研究』(26), 17-20.
https://ci.nii.ac.jp/naid/120005759343

17 Mikami, N. (2015) Public Participation in Decision-Making on Energy Policy: The Case of the "National Discussion" After the Fukushima Accident, Lessons From Fukushima, 87-122.
https://doi.org/10.1007/978-3-319-15353-7_5

18 この節は主に Reynolds, J.L.(2019)The governance of solar geoengineering : managing climate change in the Anthropocene, Cambridge, United Kingdom ; New York, NY, USA : Cambridge University Press. https://www.worldcat.org/title/governance-of-solar-geoengineering-managing-climate-change-in-the-anthropocene/oclc/1104822474 に基づいています。

19 UNEP (2012) Geoengineering in Relation to the Convention on Biological Diversity: Technical and Regulatory Matters, CBD Technical Series N66.
https://www.cbd.int/doc/publications/cbd-ts-66-en.pdf
UNEP(2016) Update on Climate Geoengineering in Relation to the Convention on Biological Diversity: Potential Impacts and Regulatory Framework, CBD Technical Series N84.
https://www.cbd.int/doc/publications/cbd-ts-84-en.pdf

20 Jinnah, S. & Nicholson, S. (2019) The hidden politics of climate engineering, Nature Geoscience,12, 876-879.
https://doi.org/10.1038/s41561-019-0483-7

21 このような直接的な条約以外にも、国家間で国際慣習法が重要になります。

22 Biniaz, S. & Bodansky, D. (2020) Solar Climate Intervention: Options for International Assessment and Decision-Making. Retrieved on November 20, 2020, from https://www.c2es.org/site/assets/uploads/2020/07/solar-climate-intervention-options-for-international-assessment-and-decision-making.pdf

23 Horton, J.B.& Keith, D.W. (2019) Multilateral parametric climate risk insurance: a tool to facilitate agreement about deployment of solar geoengineering?, Climate Policy, 19(7).
https://doi.org/10.1080/14693062.2019.1607716

24 その後、解説を加えた論文として２０１３年に公表されています。Rayner, S., Heyward, C., Kruger, T., Pidgeon, N., Redgwell, C. & Savulescu, J.(2013)The Oxford Principles, Climatic Change, 121, 499-512.
https://doi.org/10.1007/s10584-012-0675-2

25 University of Oxford (2020) Professor Steve Rayner (1953-2020), Oxford Martin School. Retrieved on November 30, 2020, from https://www.oxfordmartin.ox.ac.uk/news/professor-steve-rayner-1953-2020/

26 The Breakthrough Institute (2019) Remembering Steve Rayner, The Breakthrough. Retrieved on November 30, 2020, from https://thebreakthrough.org/articles/steve-rayner-paradigm-award

27　Hubert, A. M. (2020) A Code of Conduct for Responsible Geoengineering Research. Early View. https://onlinelibrary.wiley.com/doi/epdf/10.1111/1758-5899.12845

28　AGU. Climate Intervention Requires Enhanced Research, Consideration of Societal and Environmental Impacts, and Policy Development. Retrieved on November 20, 2020, from https://www.agu.org/Share-and-Advocate/Share/Policymakers/Position-Statements/Climate-Intervention-Requirements

29　Pontecorvo, E. (2020) The climate policy milestone that was buried in the 2020 budget, Grist Magazine. Retrieved on November 20, 2020, from https://grist.org/climate/the-climate-policy-milestone-that-was-buried-in-the-2020-budget/

30　正確にいえばピジョン教授らの研究は、SPICEと同時期に並行して実施されたIntegrated Assessment of Geoengineering Proposals（IAGP）というプロジェクトの一部として実施されました。

31　Marshall, M. (2011) Political backlash to geoengineering begins, New Scientist. Retrieved on November 20, 2020, from https://www.newscientist.com/article/dn20996-political-backlash-to-geoengineering-begins/

32　Watson, M. (2012, May 16). Testbed news. the reluctant geoengineer. Retrieved May 22, 2012 from http://thereluctantgeoengineer.blogspot.com/2012/05/testbed-news.html

33　The Advisory Committee to the Stratospheric Controlled Perturbation Experiment (SCoPEx) Project. (2020, June 1). Workplan and Operating Guidelines. https://scopexac.com/wp-content/uploads/2020/12/SCoPEx-Advisory-Committee-External-Document_Website_Final.pdf

34 Pasztor, J. (2020, June 24). An important opportunity to engage with SAI research governance. Carnegie Climate Governance Initiative. https://www.c2g2.net/an-important-opportunity-to-engage-with-sai-research-governance/

第9章

人々は気候工学について どう思うか

9-1 市民の反応

前章で放射改変には適切な科学技術ガバナンスが必要であり、そのためには人々の意見を反映していくのが望ましいことを述べました。本章では放射改変に関する人々の認識についての既存文献のレビューをしたあと、専門家やステークホルダーの方の意見について簡単にまとめます。

気候工学について、一般市民はどのように感じているのでしょうか。もちろん、今はまだ存在しない技術ですし、メディアの報道も極めて少ないのでほとんどの人はこの技術について知りません。しかし、もし気候工学の話を耳にしたとき、一般の人はどう思うのでしょうか。この節では私自身が関わった研究も含めて、市民の認識について簡単にまとめてみます。

既往文献の一般的な知見のまとめ

責任ある研究とイノベーションという考え方の浸透を受けて、放射改変の研究コミュニティは

（相対的に）内省的に研究を進めてきたといえます。研究者が将来のビジョンを示して推進するという形ではなく、市民やステークホルダーの意見を聞くために、一般市民へのアンケートやワークショップ等がたくさん行われてきました。例えば2016年に主にハーバード大学の研究者らが書いた論文では、アンケートやインタビュー等に関する30本の論文をレビューしています[1]。以下、これらのレビュー論文などに基づいて、これまでの気候工学に関する市民の理解の一般的な傾向について紹介します。ただ、気候工学は未知の話で、人々の意見も時間や気候変動の問題の変化に応じて変わっていくことに注意してください。ここで書かれていることは、確定的なことではありません。

まず、一般市民の意見を聞くにはどうすればいいでしょうか。アンケートは、日本でも新聞社などがよく実施している世論調査に似ていますが、長めの質問票を送ったりインターネットで回答してもらったりします。ただ、普通の世論調査と違って気候工学は一般的に知られていませんので、ビデオを見せたり説明文書を読んでもらったりすることで、まず放射改変を理解してもらいます。その後、この技術についてどう感じるか質問に答えてもらいます。対象は、世論調査と同様にランダムに人を選んでアンケートを行うのが一般的です。ワークショップやグループ・インタビューも同様ですが、選ばれた人が会場に訪れて、研究者やプロのファシリテーターの司会のもと、参加者が議論していきます。

過去の研究をまとめると、まず当たり前ではありますが、一般市民はほとんど気候工学について耳にしたことがありません。聞いたことがあるという人でも、アメリカの研究では地盤工学

(geotechnical engineering) などと勘違いしている人も一定数いることが分かっています。英語ではジオエンジニアリング(geoengineering)という言葉は地盤工学(geotechnical engineering)に似ていますので、そのように思ってしまう人がいても不思議ではありません。

次に、これも想像に難くはないのですが、一般市民は技術を様々な観点から区別します。放射改変とCO_2除去で比べると、より多くの人がCO_2除去を支持する傾向にあることが分かっています。特に成層圏エアロゾル注入は、他の技術に比べて支持する人の割合が少ない傾向です。また同時に、植林といったあまり人工的に自然に介入しないと思われるような技術は、より支持されやすくなる傾向にあります。

技術の実施の是非については、今のところ非常に多くの人がとても慎重であるべきだという態度を示しています。ワークショップ等の結果を見ると、「気候には人間にまだ分からないことが多い」という指摘や、「非線形性が強いために思いもしない挙動があるかもしれないので、気候工学を避けるべき」という指摘も聞かれます。一般市民の方が挙げる社会的な問題や副作用の懸念は、非常に多岐に渡ります。しかし、気候変動のリスクの懸念もあってか、気候工学を地球温暖化の対応策から完全に除外すべきだと考える人は、多くはありません。研究や技術開発の是非についても、多くの人は慎重な態度を示しますが、安全性や透明性が確保できればという条件付きで、容認する声を聞くことができます。

また、放射改変にはモラル・ハザードもしくは緩和の抑止の懸念があることはすでに述べましたが、一般市民へのアンケート調査ではこれらの問題を懸念する意見はほとんど見られていません。多くの人は、科学者が放射改変の研究を進めていることを聞いても、それだけで他の温暖化対策をしなくてもいいとは考えず、緩和策への意欲が低下することは見られていません。むしろ、逆に科学者が放射改変のような極端な対策について議論するようになったことを知って、地球温暖化の現状が想像していたよりもひどいことを感じ、もっと積極的に緩和策を進めるべきだと態度が変化したことを示す論文もあります。

ただし、こうした研究は圧倒的多数が先進国、特に欧米で行われてきていることに注意が必要です。放射改変は世界に影響を及ぼす技術であるにもかかわらず、こうしたアンケート調査などで意見を聞いている対象の人は、ほとんどが先進国の人たちなのです[2]。この研究の偏りについては多くの研究者が問題を感じており、発展途上国や北極圏など気候変動の影響を受けやすい人たちの意見に関する論文も増えてきています。しかし、発展途上国や脆弱な地域でアンケートを行ったり、インタビューやワークショップを実施したりするのは時間も研究資金もかかるために、なかなか研究が進まない傾向にあります。

なお、日本ではあまり聞かれませんが、欧米ではケムトレイルと呼ばれる陰謀論が一部の人の間で浸透しています。ケムとは化学物質のこと、トレイルとは飛行機が上空を通過した後にできる飛行機雲のことです（飛行機雲は正確には英語でコントレイルと呼びます）。このケムトレイルの陰謀論を信じる人は、航空機の後にできる雲には化学物質が入っており、極秘の目的でアメリカの国防総省が世界中で散布していると根拠のない主張をします。彼ら・彼女らは気候工学をアメリカ政府の極秘プロジェクトだと信じ込んでしまっていますが、その理由は人口制御だったり、心理学的な操作であったり、あるいは天候の制御だったりします。数年前、私が海外出張で気候工学の国際会議に参加した際には、会議場の前にプラカードを持って反対している人も見かけたことがありました。一方、日本ではこのような話はゼロではありませんが、ほとんど聞かれません。

日本の一般市民に対するインタビュー

以上は欧米中心ではありますが、世界の研究のまとめでした。それでは、日本人はどう考えているのでしょうか。2015年に私が国立環境研究所の朝山慎一郎（あさやましんいちろう）博士（第一著者）と東北大学の石井敦（いしいあつし）氏とともに、東京で実施したグループ・インタビューの論文を紹介しましょう。若干古くなりますが、気候工学は市民に知られておりませんので、現時点でも一定の意味合いがある研究と考えています。

ここでいうグループ・インタビューとは、専門的には「フォーカス・グループ・インタビュー」と呼ばれます。フォーカスとは「特定の話題に絞る」という意味で、テーマを決めてグループでインタビューします。社会科学の学術調査のために用いられるだけではなく、マーケティング会社が新たな製品に関して消費者の関心を調べるのにも使われたりします。例えば新しいスマートフォンの機能や、新しい洗剤のパッケージの色や形などについて、ターゲット層の消費者を招待して彼らの嗜好（しこう）を自由に語ってもらいます。企業はこうして得た情報を新製品開発に用いるのです。他にもフォーカス・グループ・インタビューは政党の選挙キャンペーンなどの戦略を練る際にも利用されています。例えば、２００１年から２００９年在任のブッシュ米国大統領は、気候変動のリスクを過少に見せるために、「地球温暖化」ではなく「気候変動」を多用しましたが、その際の知見を提供したのが、一般市民を集めて行ったフォーカス・グループ・インタビューでした（ただし、この気候変動の語感は当時のものであり、現在ではまた違うかもしれません）[3]。

ここでは同様の手法を用いて、日本の一般市民が気候工学、特に放射改変の話をはじめて聞いた際に、この技術についてどう思うのかを調査した論文について解説します。

まず、私たちの研究では、あらかじめ地球温暖化や気候工学といった内容について明かしてしまうと、参加者が身構えてしまったり、環境意識が高い人だけ集まってしまったりするので、内容については伏せたうえで、調査会社を通じて関東圏で参加者を募集しました。そのうえで、集まった参加者を年齢や性別、学歴男女比などを基に変えた６つのグループに振り分け、インタビューを行いました。

インタビューの前半では幅広く気候工学に関する印象について意見を聞き、後半では放射改変の屋外実験について意見を聞きました。２０１５年当時、研究者の間ではハーバード大学のスコーペックス・プロジェクトの構想が議論されていたので、これを念頭に後半の内容を考えました。私たち研究者はインタビューの進行には直接関わらずに、プロのファシリテーターが当日の議論を取り仕切りました。

気候工学は今も当時もほとんどの人が知らないので、どのような情報の提示の仕方をするかによって人々の回答が誘導される可能性があります。私たちの研究の目的は、気候工学に賛成または反対の意見を引き出すことではなく、気候工学について全く聞いたことがない一般の人々のできるだけ素の意見を知ることでした。そのため、答えを誘導しないように、バイアスを生まないように、非常に慎重に気候工学の説明の情報を調整しました。一方で、国際的な比較をするために、スウェーデンの研究チームが行ったインタビューに合わせて、前半の最後の方で気候が危機的な状態にあり、緊急事態が迫っているということも伝えました。インタビューの途中でそうした情報を追加することで、気候工学に対する人々の態度がどう変わるのかを調べるためです。

　グループ・インタビューやワークショップの手法を用いた研究は海外では多く行われていますが、そうした研究結果を見ると、日本人はこうした場で初対面の人を相手に自由に議論するのは若干苦手だったように見受けられました。参加者の間で議論が盛り上がるということはあまりなく、司会が投げかける質問に各人が応答するというのが、海外と比べて印象的な点でした。ただし、人々の回答自体は海外と同様に多様な意見が得られました。

　まず、多くの人が気候工学について様々な懸念を示しました。例えば、「人為的に介入することによって出てくる未知の影響が多数あり、どのような結果が生じるかわからない」といった気候工学の副作用を心配する意見、また「世の中はいろいろなものがつながっているために、あるところで起こした影響が他のところまで伝播（でんぱ）していくのではないか」という意見などが出ました。また、参加した人達からは、気候工学という未知の技術を自分の日常生活で身近な出来事に喩（たと）えるような意見も出てきました。具体的には、最近電車の相互乗り入れが増えていることによって、群馬で起きた事故が熱海（あたみ）の電車のダイヤに影響するという例を挙げて、気候工学が思わぬ副作用を引き起こすことを心配する、というようなものです。また、気候工学は癌の治療に似ていて、治療だと思ったものが逆に事態を悪くするという可能性もあるという意見の人もいました。

　私たちの調査の前半の部分はスウェーデン、アメリカ、ニュージーランド、日本と4か国での国際研究プロジェクトの一部として、基本的に方法をそろえて行ったため、気候工学に対する態度という点では、他の国の市民との比較ができます。国際比較を行うと、他の国の人と日本人とでは、それほど大きな違いはありませんでしたが、一点だけ大きな違いがあったのが、日本では科学技術に対してとても楽観的な声がしばしば聞かれた、というところです。参加者の中にはLED電球や携帯電話などを例に「社会は科学技術の発展でより良くなってきているので、気候変動も新たな技術で解決できる」と言う人もいました。他国のインタビュー参加者では気候工学に否定的な声が大勢でしたが、そうでない声も聞こえたのが日本のインタビュー参加者の特徴です。いずれにせよ、参加者の多くは、気候工学の研究がもっと必要だという意見には同意していました。

　調査の後半では、ハーバード大学が計画しているスコーペックス・プロジェクトを想定して、屋外実験について問いかけました。環境リスクがほぼないとされるこのプロジェクトですが、成層圏で物質を散布するという実験の概要を聞いて、人によって様々な反応がありました。例えば「実験は分かりやすい形で市民に説明されるのか」「市民の意見は反映されるのか」といったことを心配する意見です。いくら環境への影響はないと言われても、科学者の言うことをそのまま鵜呑みにできない、まずは科学者自身の家で実験を実施して安全性の立証が必要だと言う人もいました。その一方で、もし将来に気候工学の選択肢しか残らないのであれば、こうした屋外実験をやることも必要ではないかという意見もありました。全体的に参加者は屋外実験について、科学的な必要性を感じつつも、副作用や社会的な問題への懸念もあり、単純にイエスともノーとも言えないアンビバレントな感覚を抱いていたようです。

国際アンケート調査

グループ・インタビューは市民の意見に耳をじっくり傾け、深く分析するには適していますが、多くの人の意見を聞くことは難しい調査方法です。したがって、グループ・インタビューやワークショップなどの少人数を対象にした手法と、世論調査のようなアンケート調査を組み合わせるのが望ましいとされています。以下では、2016年3月に私が共同研究者と実施した国際インターネット・アンケート調査について解説します[4]。

調査は、商業的なサービスを用いて、日本だけではなく中国、韓国、インド、オーストラリア、フィリピンの6か国で行いました。発展途上国では教育水準がまだ低い国もあり、一般市民に広く聞くと、先進国と発展途上国の比較が難しくなります。そこで対象を大学生（学部学生）に限ったうえで、各国から約500人を選び、インターネット上のアンケートに回答してもらいました。調査では簡単な成層圏エアロゾル注入と屋外実験についての説明を読んでもらった後、フォーカス・グループ・インタビューの時と同様に、放射改変やその屋外実験に関する質問について答えてもらいました。アンケートでは、成層圏エアロゾル注入は長く専門的なので、「気候工学」という言葉を使いました。

アンケートの全体の結果として、6か国の大学生は地球温暖化に対して大きな心配を抱いており、CO_2排出削減政策の必要性も強く認識していました。どの国でも90%以上の学生が「地球温暖化が起きている」と答え、80%以上の学生が「人間活動が原因だ」と答えていました。ただ、細かなところを見ると、先進国と発展途上国で様々な違いが見られました。まず、発展途上国（中国、インド、フィリピン）の大学生の方が、先進国（日本、韓国、オーストラリア）の学生に比べて、地球温暖化に関する危機感が強い傾向にありました。例えば、フィリピンのような毎年台風が来るたびに激甚な被害を受ける国では、海面上昇の話や台風の巨大化の話を聞けば、非常に怖いと思っても不思議ではないでしょう。また、緩和策についても、発展途上国の学部生の方がより積極的でした。

興味深いことに、放射改変については、発展途上国（中国、インド、フィリピン）の学生の方が先進国（日本、韓国、オーストラリア）の学生より肯定的な態度を示していました。この違いは統計的に有意なものです。上述したように、発展途上国の学生の方が地球温暖化のリスク認識が強いために、放射改変も除外できないという考えなのかもしれません。また、発展途上国ということで、科学技術がもたらす経済成長などの明るい側面に目が行くのかもしれません。いずれにせよ、発展途上国を対象にした研究が少ないため、先進国と発展途上国の差は今後より深い研究が必要になるでしょう。

次に、成層圏エアロゾル注入の屋外実験について質問したところ、多くの回答者はオックスフォード原則のようなガバナンスの枠組みについて賛同していました。具体的には、「市民の意見に耳を傾けること」「情報開示」「第三者機関による評価」という項目で、どの国でも75％以上の学生が「そう思う」もしくは「どちらかといえばそう思う」という選択肢を選んでいました。

最後に、成層圏エアロゾル注入について、どういった国が研究を牽引（けんいん）していくべきかについて聞いたところ、中国、韓国、日本の東アジアの国では技術的な能力が高い国がリードすべきだと答えた学生が多かったのに対して、オーストラリア、フィリピン、インドの学部生は技術力が高い国とCO_2排出量が多い国の両方を選ぶ傾向が見えました。東アジアの3か国で共通したこの回答は、もしかしたら、能力主義を重んじる儒教的な発想が影響しているのかもしれません。

私たちの研究以外でも、発展途上国や気候変動の被害の最前線にいる人々の意見を聞いた研究はあります。ある研究では南太平洋のソロモン諸島、ケニア、アメリカ・アラスカ州に住む人々を対象にインタビューを実施しました。[5] こうした国・地域に住む人々は、地球温暖化の影響を肌で感じているからか、先進国の人より気候工学について受容的な態度を示す傾向があることがわかっています。もちろん、気候工学を使うのであれば慎重に、できれば使いたくないという意見は共通しています。しかし、温暖化の最前線にいる人にとっては、もはや何でもよいから解決の糸口を提供してくれるものは検討しなければならない、というぐらいにその影響を感じているのでしょう。

9-2 ステークホルダーの反応

気候変動に取り組むNGOの気候工学に対する態度

ここまで一般市民の意見について述べてきましたが、それではステークホルダーはどうでしょうか。ここでいうステークホルダーは、環境ＮＧＯなどの組織化された団体を指しています。彼らは気候工学に対して、どのような態度を示しているのでしょうか。

環境ＮＧＯについて見れば、基本的には非常に否定的な意見であるといえます。最も強く反対しているのがカナダに本部がある国際ＮＧＯ、ＥＴＣグループです。合成生物学やナノテクノロジーなど先端技術に対して警鐘を鳴らしている団体ですが、気候工学の問題にも早くから取り組んでいます。２０１０年の愛知県名古屋市で開かれた生物多様性条約の交渉の際にも反対意見を表明していましたし、その他気候工学について批判的な報告書を複数公表しています。また、彼らは複数のＮＧＯと共同でジオエンジニアリング・モニター[6]というウェブサイトを運営し、気候工学の関連情報をウォッチしています。２０２０年3月に実施されたグレート・バリア・リーフの海雲の白色化実験についても、生物多様性条約のモラトリアムに違反しているという批判を展開しています。

他にも、気候行動ネットワーク（ＣＡＮ）という世界の気候変動に関する１３００以上の環境

ＮＧＯのネットワーク組織も反対を表明しています。２０１９年12月に、国連の気候変動に関する国際交渉で、日本が化石賞を受賞したのを覚えていらっしゃる方もいると思いますが、この化石賞を選定しているのがＣＡＮです。ＣＡＮには日本の有力な環境ＮＧＯも参画していますが、彼らは２０１９年の９月に、自らの立場を表明したポジション・ペーパーを公表しました[7]。ペーパーの主な主張は以下の４点です。（１）放射改変は緩和策・適応策の代替にはならない。（２）放射改変は国境を越えて影響を及ぼし、また不確実性が大きいことを認識すべき。（３）放射改変の実施には強く反対する。（４）現実社会での実験についても強く反対する。

これを見ると、環境ＮＧＯならではの強い意見のように思うかもしれませんが、（４）を除けば、基本的に研究者が主張していることとほとんど同じです。（４）については少し説明を加えると、ＣＡＮでは大規模実験以外は意味がないのでは、と主張しています。実は（４）には注がついて、３つの団体が留保を付けていることがわかります。環境防衛基金（ＥＤＦ）、天然資源防護協議会（ＮＲＤＣ）、憂慮する科学者同盟（ＵＣＳ）で、どれもアメリカの有力なＮＧＯです。細かな態度は若干違いますが、この3団体は屋外実験を小規模実験と大規模実験に分けて、「大規模実験には反対するが、小規模実験には条件付きで認める」というスタンスです。条件の部分で色々と意見がありますが、これはハーバード大学の研究プロジェクトも含めて整合的な態度です。

放射改変に取り組むＮＧＯ

放射改変に直接的に関わるＮＧＯもあります。Solar Radiation Management Government Initiative（ＳＲＭＧＩ）は、２００９年のイギリス王立協会の報告書を機に、第三世界科学アカデミー（ＴＷＡＳ）、先ほど出てきた環境防衛基金（ＥＤＦ）、イギリス王立協会によって設立された、放射改変のガバナンスの議論を促す非営利組織です。放射改変に関する世界での認知度を高めるために各国を訪れ、中立的な立場で数多くのワークショップを開いています。最近では、発展途上国における放射改変の影響・便益の評価を支援する研究資金、ＤＥＣＩＭＡＬＳの枠組みを立ち上げ、研究の成果が出つつあります[8]。

もう一つの重要な動きはカーネギー・クライメット・ガバナンス・イニシアチブ（Ｃ２Ｇ）です。２０１７年から開始されたこのプロジェクトは、前国連事務総長の潘基文（パンギムン）の気候変動アドバイザーを務めたヤヌス・パスター氏によって率いられています[9]。当初の組織名にはジオエンジニアリングが入っていましたが、２０１９年に現状のものへと名称変更を行いました。第８章にも登場したパスター氏は気候変動枠組条約や国連環境計画など国連の環境畑を歩んだ人物で[10]、彼の世界中に広がるネットワークを活用し、議論を喚起しようと活発に動いています。ＳＲＭＧＩのプロジェクト・ディレクターであるアンディ・パーカー氏もＣ２Ｇのヤヌス・パスター氏も、気候変動のリスクを憂慮しており、また緩和策が第一の対策であることは当然という立場です。しかしながら、それだけでは対応できないので、気候工学の検討も必須というスタンスを取っています。

なお、一部の欧米の保守系シンクタンクは気候工学を支持する傾向があります。こうしたシンクタンクは緩和策に消極的です。気候工学が知られると緩和策への取り組みが減る懸念について指摘しましたが、そうした傾向に当てはまる動きとも言えます。

最後にですが、軍隊や情報機関等の関与について懸念を指摘する声があるのも事実です。実際のところ、全米科学アカデミーの報告書もアメリカ中央情報局（ＣＩＡ）から部分的に研究資金を受けて刊行されています。[11] ただ、その技術的特性からして、私は放射改変の軍事的転用の可能性は少ないと考えます。成層圏エアロゾル注入の場合、発展途上国でも十分簡単に観測できるほどの多数の飛行機を用いて注入せざるを得ず、秘密裏に完遂することはほぼ不可能だからです。しかしながら現代社会での技術進展のスピードは速く、こうした可能性を完全に除外するのは難しいものです。

9-3　全世界の人々に耳を傾けるには

意見を聞くには時間がかかる

ここまで、さまざまな人の意見について現状をまとめてきました。公衆関与の研究では欧米が中心であり、また環境ＮＧＯの活動や意見発信も欧米発のものが多いです。ところで、気候工学のガバナンスに関するオックスフォード原則に戻ると、原則２は「気候工学の意思決定への公衆参加」となっていました。では、放射改変では、いったい誰が公衆に該当するのでしょうか。世界全体に影響があるとすると、世界の人々みんなに意見を聞かなければいけないのでしょうか。このことからも、対話の難しさは容易に想像できるかと思います。

また、熟議や世論調査は一度だけやればいいわけではありません。気候科学の進歩で地球温暖化の影響の深刻さがより正確に分かるようになって、気候変動のリスク認識が深まるかもしれませんし、放射改変の研究でブレークスルーがあるかもしれません。こうした変化に呼応して人々の意見も大きく揺れ動く可能性は大いにあります。正確に人々の意見を理解するには、何度もやり取りする必要があるのです。

実は世界中の人に、社会で重要な問題について議論してもらうという取り組みは始まっています。一つの例は第８章でも触れた世界市民会議という、デンマーク技術委員会が世界のパートナーと共同で開催しているものです。[12] 日本では大阪大学ＣＯデザインセンター、日本科学未来館、科学技術振興機構がパートナーになっています。[13] ここでは世界各国で集まってもらった市民に同じ情報を提供し、地球温暖化や生物多様性などの世界的な問題について議論し、意見を出してもらいます。２００９年は地球温暖化、２０１２年は生物多様性、２０１５年は気候変動とエネルギーをテーマに実施され、結果はそれぞれの年に開催された国連の交渉に提出されています。ただし、これは非常に大がかりなイベントで、地球温暖化問題自体についても数年に一回しか開催されていません。放射改変以外にも様々な問題がありますし、この問題を特別扱いすることはできません。

私自身、グループ・インタビューやアンケート調査を実施してきましたが、市民の意見を丁寧に聞くというのは非常に時間がかかります（だからこそ研究業績として認められるわけです）。通常の世論調査であれば、世界中に調査会社が多数あり、比較的簡単に実施できますが、放射改変は一般市民も理解できるとはいえ、きちんと情報を提示し、理解してもらう必要性があります。ですから、新聞やテレビがよくやっているような世論調査の頻度では実施ができません。また、参加する市民の側も時間を費やさなければならず、そうなると一部のやる気や時間のある人だけが参加するという偏りが生じる懸念もあります[14]。世界中の人の声を反映すべきという原則は崇高で望ましいことですが、それを実現するのは非常にハードルが高いのです。

なお、こうした問題は何も放射改変に限定されるわけではありません。人工知能や情報技術、バイオテクノロジーなど日進月歩でイノベーションが進む技術領域では、便益がもたらされると同時に副作用やリスクがどんどん生まれています。最近のソーシャル・メディアの民主主義への影響を考えれば、何らかの形で世界の市民の声を丁寧に聞き、これらを技術が発展する方向に活かすことが望ましいでしょう。しかし、そのようなことは理想であり、現実には問題が起きてから社会が対応するというのは日常的な光景になっています。

放射改変については、問題が起きてから対処する——こうしたことを避けるために一般市民やステークホルダーの関与が求められています。しかし、言うは易く行うは難しです。どのように世界の人の声を聴き、それをガバナンスに活かしていくか。教科書に答えはありません。これはグローバル化が進み、技術開発が加速する21世紀の一大研究テーマだと私は思っています。

1 Burns, E. T., Flegal, J. A., Keith, D. W., Mahajan, A., Tingley, D. & Wagner, G. (2016) What do people think when they think about solar geoengineering? A review of empirical social science literature, and prospects for future research, Earth's Future, 4(11), 536-542.
http://doi.org/info:doi/10.1002/2016EF000461

2 Carr, W. A., Preston, C. J., Yung, L., Szerszynski, B., Keith, D. W., & Mercer, A. M. (2013). Public engagement on solar radiation management and why it needs to happen now. Climatic Change, 121(3), 567-577.
https://doi.org/10.1007/s10584-013-0763-y
Winickoff, D. E., Flegal, J. A., & Asrat, A. (2015). Engaging the Global South on climate engineering research. Nature Climate Change, 5(7),627-634.
https://doi.org/10.1038/nclimate2632
Rahman, A. A., Artaxo, P., Asrat, A., & Parker, A. (2018). Developing countries must lead on solar geoengineering research. Nature, 556, 22-24.
https://doi.org/10.1038/d41586-018-03917-8

3 Christensen, J. (2019) Is it climate change or global warming? How science and a secret memo shaped the answer, CNN. Retrieved on November 30, 2020, from https://edition.cnn.com/2019/03/02/world/global-warming-climate-change-language-scn/index.html
Alley, R. (2015) Global warming vs climate change, The Skeptical Science website. Retrieved on November 30, 2020, from https://skepticalscience.com//print.php?r=326

4 Sugiyama, M., Asayama, S., Kosugi, T. (2020) The North-South Divide on Public Perceptions of Stratospheric Aerosol Geoengineering?: A Survey in Six Asia-Pacific Countries, Environmental

Communication, 14(5), 641-656.
https://doi.org/10.1080/17524032.2019.1699137

5 Carr, W.A. & Yung, L. (2018) Perceptions of climate engineering in the South Pacific, Sub-Saharan Africa, and North American Arctic, Climatic Change, 147, 119-132.
https://doi.org/10.1007/s10584-018-2138-x

6 Biofuelwatch and ETC Group, Geoengineering Monitor. Retrieved on November 20, 2020, from http://www.geoengineeringmonitor.org/

7 Climate Action Network (2019) Position on Solar Radiation Modification (SRM). Retrieved from http://www.climatenetwork.org/sites/default/files/can_position_solar_radiation_management_srm_september_2019.pdf

8 Rahman, A. A., Artaxo, P. Asrat, A. & Parker, A. (2018) Developing countries must lead on solar geoengineering research, Nature, 556, 22-24.
https://doi.org/10.1038/d41586-018-03917-8

9 Carnegie Council (2017) Carnegie Council Announces Launch of Carnegie Climate Geoengineering Governance Initiative (C2G2). Carnegie Council. Retrieved on November 24, 2020, from https://www.carnegiecouncil.org/news/announcements/432

10 United Nations (2015) Secretary-General Appoints Janos Pasztor of Hungary as Assistant Secretary-General on Climate Change. United Nations. Retrieved on November 24, 2020, from https://www.un.org/press/en/2015/sga1538.doc.htm

11 Liebelson, D. & Mooney, C. (2013) The CIA is now funding research into manipulating the climate,

Climate Intelligence Agency. Retrieved on November 26, 2020, from https://slate.com/technology/2013/07/cia-funds-nas-study-into-geoengineering-and-climate-change.html

12 科学技術振興機構（２０１５）『World Wide Views on Climate and Energy 世界市民会議「気候変動とエネルギー」開催報告書』
https://www.jst.go.jp/sis/scienceinsociety/investigation/items/wwv-result_20150709.pdf

13 NATIONAL AND REGIONAL WWVIEWS PARTNERS, List of countries, which have participated in World Wide Views projects. Retrieved from http://wwviews.org/wp-content/uploads/2015/11/wwviews_country_list_2009-2012-2015.pdf

14 Lemos, M. C. et al. (2018) To co-produce or not to co-produce, Nature Sustainability, 1, 722-724.
https://doi.org/10.1038/s41893-018-0191-0

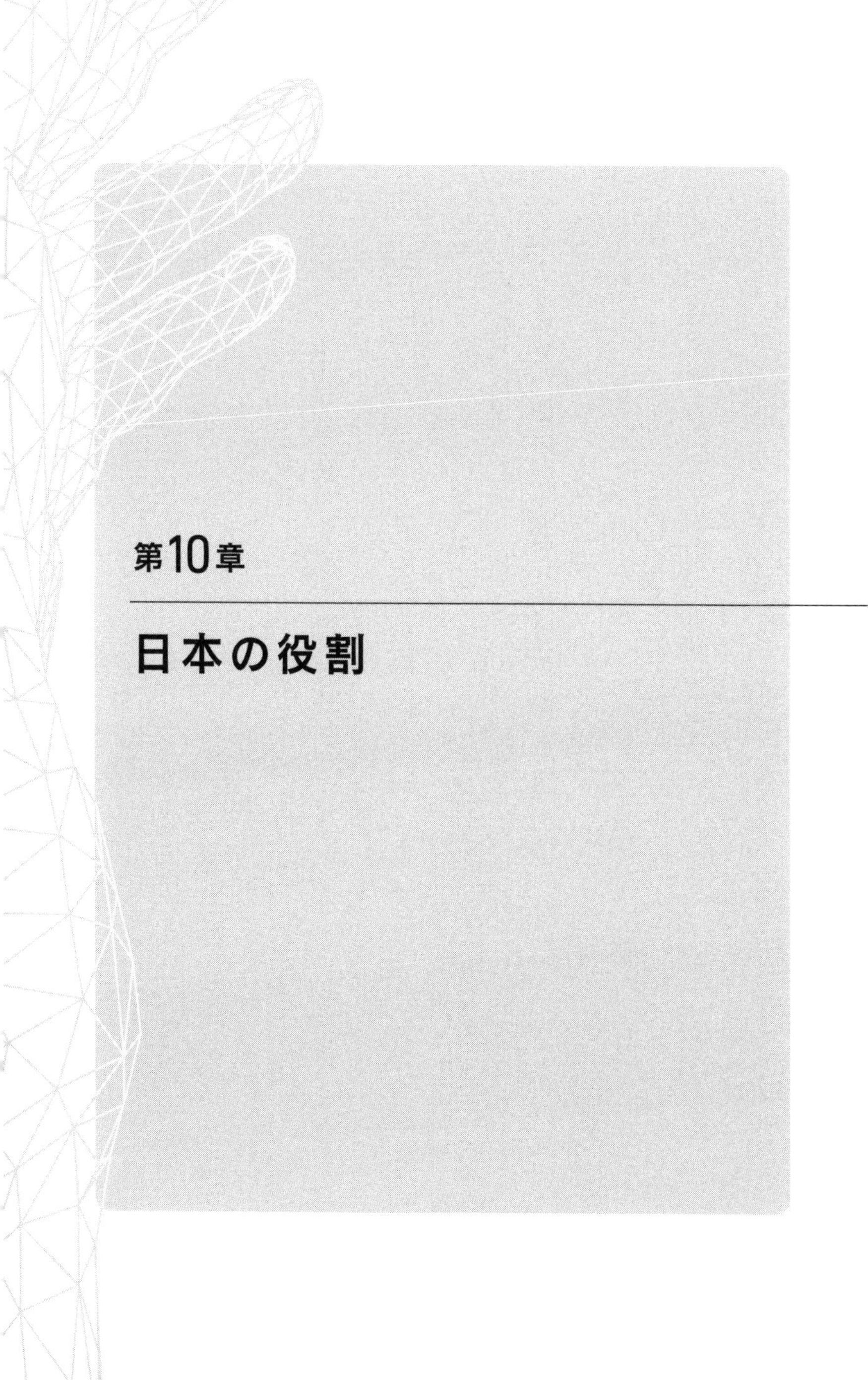

第10章

日本の役割

10-1 中規模な民主主義の国の役割

大国でない独自の視点

本書では全世界的な気候の危機から始まり、各国の地球温暖化対策の不十分さ、そして世界で進む気候工学の研究開発やガバナンスについて語ってきました。例外として前章では日本人の考え方について触れましたが、基本的にはグローバルな話でした。

この章では、気候工学でも特にグローバルな対応が求められる放射改変における日本の役割について議論します。他の章は基本的になるべく客観的に学術的な参考文献などに基づいて書いてきました。しかし、この章では私の個人的な意見を多く述べています。したがって、この章は専門家による客観的なまとめというより、この問題について長年考えた一市民の思いだと捉えていただくのが望ましいでしょう。

放射改変は地球全体の気候を変えるために、仮に実現されてしまったら日本もその影響から逃れることができないものです。日本の気候が改善するかもしれないし、より悪化の方向に向かうかもしれません。いずれにせよ、その影響は日本にも及ぶことは確実で、賛成にしろ反対にしろ、日本も対応を余儀なくされるでしょう。

他の技術分野であれば、日本を「鎖国」することはある程度可能です。2020年にはアメリカと中国の技術覇権争いが激しくなり、アメリカは中国のファーウェイの製品を締め出すことを決めました。中国ではグレート・ファイアウォールという大規模な情報検閲システムがあるといいます。これらは、グローバル化が進む中でもある程度の壁を設けることは可能だという事例です。遺伝子組み換え食品も、欧州ではラベリングや厳格な規制を進め、スペインやポルトガルなど限られた国でしか生産されていませんし、日本でも（アメリカなどから大量に輸入されてはいますが）バラを除いて商業栽培はされていません[1]。しかし、気候工学はこうした国別の対応はできません。地球の気候は一つであり、世界中がつながっているからです。

一方、日本も影響を受けるということから、より積極的に日本の役割を見いだすこともできます。確かに放射改変については、米中やロシア、インドなど軍事的に強大な国や人口や経済で巨大な国の影響力が大きくなってくるでしょう。また、国連安全保障理事会の常任国であるイギリス、フランスも重要なプレーヤーであり続けるでしょう。日本は現在でこそ世界第3位の経済大国ではありますが、今後人口は減少し続け、経済的なプレゼンスも減少していくことが予想されます。お家芸であった科学技術についても、低下する大学ランキングなどを始め、懸念される声もあちこちで聞かれるのが事実です。日本は世界をリードする一つの国ではなくなっていくのかもしれません。

しかし、世界を見れば日本と同じような規模の国は非常に多いのです。日本の立ち位置はオーストラリアやニュージーランド、カナダまたはドイツなどと似ているといえるのでしょう。こうした国が共同で将来の気候工学のあり方について丁寧に検討していくことが、放射改変の望ましいガバナンスにとって非常に有意義であると思われます。国連安全保障理事会での拒否権を持つわけではなく、実施について究極的な意思決定権があるわけではないですが、科学技術に対しても一定の貢献ができ、なおかつ民主主義国家であるため、活発な議論ができるからです。

放射改変について、現在の大事な論点は研究開発です。アメリカの連邦政府で2019年に初めて予算が付いたことからも見られるように、国際的に研究開発は進んでいくでしょう。このような流れに、日本はどれほど貢献すべきでしょうか。日本は長引く景気低迷および少子高齢化問題で、財政状況は先進国で最悪の部類に入り、国や地方自治体の借金合計は国内総生産(GDP)の約2倍の規模になります。このような中、研究領域は選択せざるを得ず、気候工学に大きな資源を割くことには、著者の私ですら違和感を覚えます。研究の規模としては、もう少しガバナンスを強化した方がいいと思いますが、全体としては、現状の気候モデル研究や統合評価モデル研究などを中心としたアプローチを継続する方向でいいのではないでしょうか。気候工学について研究し発表している日本の研究者は、自然科学・人文社会科学ともに存在しますが、その議論は欧米と比べて活発ではなく、その存在感も小さいのです。

しかし、ある意味これは仕方がないことではないでしょうか。大事なのは多額の研究費の投入によって研究をリードするということではなく、ある程度限られたリソースを継続的に投入することによって、世界で議論を喚起していくことではないかと考えます。

ただ、日本ではそもそも気候変動に関して大きな問題が存在します。それは気候変動に関する危機の認識が弱いということです。

10-2 専門家の弱い意識

危機を叫ぶ専門家の少なさ

ここでいう「弱い」というのはあくまでも平均的な意味で、活発に活動している方や、以前から警鐘を鳴らしている方がいるのは事実です。しかし、欧米と比べてそうしたアクティブな方が少なく、科学者コミュニティー全体として見ると、その認識は弱いように感じることが多々あります。

気候の緊急事態宣言について考えてみましょう。環境NGOだけではなく、地方自治体や大学などで緊急事態宣言を発出する機関が増えてきています。2019年11月に学術誌『バイオサイエンス』に掲載された論文のタイトルは、「世界の科学者は気候危機を警告する」でした。オレゴン州立大学のウィリアム・リップル教授が第一著者となっている論文は、世界中の科学者にも署名を依頼して、合計で1万1092人が名を連ねています。署名をした人の一覧表の国（国籍ではなく所属機関の所在地）を見ると、アメリカは1000人以上、ドイツやイギリスも800人以上でしたが、日本は16人でした。その中で名前から判断して（帰化した人などを無視して）日本人だと思われる人はたった4人でした。

もちろん緊急事態宣言自体が望ましいかどうかという議論はあります。新型コロナウイルス問題の実例から分かるように、緊急事態宣言は外出禁止といった私権の制限にもつながります。コロナ禍のピーク時のように病院の病床が埋まってしまって明らかに危機が生じているときはこうした対応も有効でしょうが、気候変動は不確実性も大きく徐々に進む類の問題です。私自身はあまり望ましくないというスタンスです。ただ、ここで問題にしたいのは、緊急事態宣言について賛成・反対の立場を表明するか、議論に何らかの形で加わっているかどうかということです[2]。日本では賛同数も少ないですが、批判的な意見を含めても日本の貢献は非常に少ないのではないでしょうか。

気候工学についても同様です。そもそも日本では、気候変動についてのリスク認識が弱いからか、気候工学に関する研究は非常に少ないのです。研究論文に限らず、論考なども多くありません。確かにその批判や推進について議論する人もいます。ただ、多くの場合、批判的な立場の人は「アメリカや中国が気候工学の推進を始めたらどう対処すべきか」といった状況などを考えていないように見受けられますし、推進的な意見を言う人も「限られた予算で既存の気候科学と気候工学のシナジーをどう発揮させるか」という踏み込んだ議論は見られません。

なお、研究が少ないと書きましたが、気候変動一般について日本人の貢献が少ないという意味ではありません。気候変動研究は膨大な領域で、日本人の貢献が大きい分野と少ない分野があります。特に様々なモデリング（気候モデル、影響・適応モデル、統合評価モデル）では日本でも優れた研究が行われてきており、国際的にも認知されています。モデル研究以外についても日本人が素晴らしい貢献をしているにもかかわらず、私が不勉強で知らない分野もあるでしょう。しかし、気候工学や気候の危機については、認識が弱いと言っても間違いないのではないでしょうか。

10-3　市民の弱い意識

動かない若者たち

認識が弱いのは専門家だけではありません。一般市民も（平均的に見た場合）弱いのです。

日本人は世論調査では「地球温暖化は心配で、対策が必要になる」と回答します。ただ、踏み込んだ話になると対策に消極的なのが分かります。第8章・第9章で述べた世界中で行われた2015年の世界市民会議では、市民の意見を国際比較することができましたが、日本では「気候変動対策が生活の質を脅かす」と考えた人が60％以上いました。しかし、世界平均では「生活の質を向上する」と述べた人が60％です。日本人が非常に後ろ向きであることが分かります[3]。

また、激甚化する災害と地球温暖化を直接関連付ける人は少ないように思われます。例えば2019年の夏に公開され、天気がモチーフの映画『天気の子』についても、監督した新海誠（しんかいまこと）氏自身が、「日本では地球温暖化と関係づける人が少ない一方で、欧米やインドではそのような視点が圧倒的だった」と述べています[4]。

若者の気候変動運動についても、日本人は圧倒的に参加が少ないです。グレタ・トゥーンベリ氏が2019年9月の国連の気候サミットで演説する直前に開かれた全世界の気候ストライキを見ると、ドイツのベルリンでは約27万人が集まり、オーストラリアのメルボルンでは10万人がストライキに参加したのに対し、日本の渋谷では2800人程度でした。しかも、日本では気候ストライキは反対勢力の響きがするということで、名前も気候マーチへと変更されていました[5]。

市民の認識は国の政策の推進にとっても重要です。2020年10月の菅首相の所信表明演説における2050年実質排出量ゼロ宣言の後、様々な取り組みが加速しつつあり、これ自体は非常に望ましいことですが、不安も残ります。日本では緩和策としてイノベーションが強調されますが、イノベーションは成功するか失敗するか、どちらの可能性もあります。失敗した場合、地球温暖化対策に大きなコストがかかり、エネルギー価格の上昇といった形で多大な国民負担も生じるかもしれません。その場合は国民はどのように反応するのでしょうか。

エネルギー価格の影響を考えるのに、2020年12月中旬から2021年1月にかけての電力価格の高騰は示唆的です（本稿執筆時点の情報に基づきます）。この時期には液化天然ガスの在庫不足と記録的な寒波などが相まって電力需給が逼迫し、日本卸電力取引所の電力スポット市場価格が高騰しました。2016年度から2019年度の平均は10円／キロワット時を切っていたのが、200円／キロワット時を超える時間帯も出て、以前の20倍を超えるほど上昇しました[6]。スポット市場で電力を調達している新電力の中には小売価格を卸市場の価格に連動させているプランを設けているところもあり、顧客への電気料金が大幅に増える会社も出ていて、[7]ニュースでも多く報道されました。

電力の価格高騰は地球温暖化対策と直接の関連はありませんが、今後の地球温暖化対策の社会的受容性を占うのに示唆的といえます。脱炭素化で電気料金は低下していく可能性ももちろんありますが、イノベーションが失敗したら、その逆もあり得ます。地球温暖化対策のために電気料金やガソリン価格が上がった場合、国民はどう反応するのでしょうか。気候変動のリスクの認識が広く共有されていない中、日本の温暖化対策は難しい局面を迎えるように思います。

環境後進国、日本

２０１９年12月の国連気候変動会議において、日本は地球温暖化対策について後ろ向きな国に授与される化石賞を受賞しました。[8]日本が地球温暖化対策について決して先進国ではなく、むしろ遅れているということで、「環境後進国」という言葉もその時登場しました。[9]小泉進次郎(こいずみしんじろう)環境大臣が英語でインタビューに答えた時にセクシーという言葉を使い、メディアで話題になったことで覚えていらっしゃる方も多いでしょう。セクシーという言葉は英語と日本語では随分意味合いも違うので解釈は難しいですし、そもそも、日本が化石賞を受賞したのも初めてではありません。しかし、日本で地球温暖化問題について、もっと関心が高まる必要性があることに関しては、私は強く同意します。

誤解がないように、地球温暖化対策について日本は先進国ではないという点について解説します。地球温暖化対策の優等生とは何でしょうか。学校の通信簿では複数の教科が対象になるように、地球温暖化対策の複数の側面において優秀な成績を収めているということと私は考えています。また、年々地球温暖化の水準は高まるでしょうから、このスコアは常に改善している必要性もあります。

日本は省エネルギーの分野では、今でも優れていることは間違いがありません。ですから、一つの「科目」では優秀なのです。ただ、それだけでは優等生扱いはされません。他の科目で非常に問題があれば、総合評価でも悪い評価をもらうこともあるでしょう。CANが日本に化石賞を授与することに対して、私はその全てに同意しているわけではありません。しかし、CO_2を多く排出する石炭火力発電所の輸出を促進していた点や、欧州の先進国やアメリカの先進的な州に比べて再生可能エネルギーの導入が遅れていることを見ると、日本を優等生とはとても言えないとは思います。しかも、成績の伸び方を見ると、ますます不安になります。

こうした評価軸は、客観的でないものも往々にして見受けられます。国際社会における評価は、まじめに黙って努力をすれば上がるわけではありません。成果を作法に基づいて発表し、主張していくことは必須です。しかし、ここでも日本人の学術界での標準語、英語での情報発信の少なさを考えると、日本からの情報発信の不足問題があると思います。

日本人は環境にやさしいと勘違い？

個人的にもっとも懸念しているのは、日本人の「勘違い」です。化石賞の受賞や環境後進国という言葉を見ても、日本人の「平均」をみると、本当に環境に悪いとは思っていないのではないでしょうか。CO_2の排出量が話題になれば、中国が世界最大のCO_2排出国だと指摘する。海洋プラスチック汚染の話をすれば、大量生産大量廃棄のアメリカ人のライフスタイルを嘲笑する。こういう態度をとっている人は多いのではないでしょうか。確かにこれらはアメリカ、中国の本質的な問題で、日本は相対的には良い方です。しかし、環境問題を解決するという絶対的な基準でみれば、日本は地球温暖化について優等生ではないでしょう。

これに関連したもう一つの「勘違い」は、省エネルギーや「もったいない」、ごみ分別などの日々の努力と環境対策が区別されていないことです。省エネルギーやものを大事にする考え方は、環境対策において極めて重要です。読者の方も電気を小まめに消したり、ごみ分別を徹底したりしているかもしれません。私自身も（家族には不十分だと文句を言われますが）まじめにやる方だと思っています。しかし、環境への影響を測りだすと、残酷な真実が見えるようになります。排出をゼロにする難しさを第2章でも説明しましたが、誰もが対策を取り、日本という国全体で環境汚染を減らすためには、個々人の善意に任せては無理なのです。日本という国全体で環境に貢献するためには、つまるところ、法律などの政策的な対応か、技術的な対応が必須になります。

こうした勘違いにより、日本人の多くは環境後進国であるということを自覚できないでいるのではないでしょうか。これは不都合な真実です。環境NGOや多くのメディアは、日本人は環境対策に前向きで、政治家などの意識が足りないという言説を作りたがります。自然環境と人間の調和を謳(うた)ったアニメーションである『もののけ姫』や『となりのトトロ』を生んだ国が環境に後ろ向きというのは、受け入れがたいのかもしれません。しかし、現実には、(平均的な)日本人は地球温暖化対策に前向きでないのです。民主主義では、政策の方向性は多数の人々の考えと整合的な方向で決めるべきです。したがって、日本の後ろ向きな地球温暖化対策というのは、民主主義としては正しいかもしれません。また、経済を重視する人々も、日本人は環境について少なくともアメリカや中国などには勝っていると思っていることでしょう。しかし、そもそも「優等生」ではないのですから、そのうち「成績」で抜かれてしまう可能性も否定できません。

勘違いという強い言葉に違和感を覚えた読者の方も多いと思います。環境問題では、欧米の作った枠組みに右へならえで従いなさいというように聞こえるかもしれません。確かに、文化や政治体制など、日本自身が独自に考えきちんと選びとっていくべき領域は多く存在します。しかしながら、地球環境問題は問題自体が国境を問わないのと同様に、その解決策も国境を問いません。日本自身が経済や技術の枠組みでガラパゴス化していき、独自の枠組みを作っていくことは非常に難しいのです。そもそも、日本という国はグローバル化する経済で工業製品を輸出し富を稼いでいる国です。経済と技術が重要な環境問題では、好むと好まざるとにかかわらず、グローバルな流れに合わせざるを得ないといえます。

10-4 これからの日本の方向性

気候変動問題をオープンに話すことの重要性

前節では日本の問題点について指摘しました。そのうえで、今後の日本の方向性に関して少しアイデアを提示したいと思います。

CO_2排出量ゼロの難しさについて説明したように、地球温暖化対策は個々人の努力を超えた対策が必要になってきています。自主的な努力に任せていては、CO_2排出をゼロにまで減らすことはできません。また、規制を入れたりイノベーションにより産業構造が変わったりした場合は勝者と敗者が生じますが、敗者の痛みを緩和するのも社会全体で議論することでしか対応できません。言い換えれば、政治でしか解決できないのです。政治というと投票行動を思いつく人が多いと思いますが、本当の政治はもっと広いものです。そうした広い意味での政治が必要になるのです。

例えば、職場で今後の事業の方向性について地球温暖化対策を取り込んでいったり、学校で地球温暖化の取り組みを考えたりしていくとき、今までは省エネルギーやゴミの分別など個人でできる範囲のことだけにしか目を向けていなかったのではないでしょうか。もちろん、こうした取り組みが重要であることは確かです。しかし、全世界で排出をゼロにするためには、取り組みを広げる必要性があります。

素晴らしい取り組みをしている企業を褒める手紙を書く。温暖化に重きを置いている地方議会・議員に手紙を書く。また、問題があるという企業・政治家に対して否定的なメッセージを送ることも大事なことです。あなたが尊敬する企業・政治家でも、もっと地球温暖化対策でできることがあるかもしれません。大事なのは話すことです。（日本では「意識高い系」という言葉があり、場合によってはこうした主張は望ましくないとされます。これ自体は残念ですが、現時点の日本では意見の出し方が極めて重要になります）

海外の知見を取り込む工夫は必須

政治に加えて、工夫が必要になるのが研究資金です。日本の財政赤字を考えると、放射改変の分野を優遇する理由がないとも述べましたが、もし仮に、アメリカなどが予算を増加させ研究のレベルを上げたとすれば、相対的に日本では気候工学に関する知見が不足するようになるでしょう。この場合、海外の知見をうまい形で取り込むことが必要になります。もちろん、これは気候工学だけに限られません。21世紀は知識経済の時代と言われます。科学研究の生産は加速して、日本語でカバーできない領域はどんどん増えています。

最近では、アメリカでさえすべての分野を自国の研究者だけではカバーができなくなってきていることは、気候工学だけを見ても明らかになっています。本稿執筆現在、全米科学アカデミーが放射改変の研究戦略に関する報告書を作成中ですが、この報告書の作成作業におけるワークシヨップでは、アメリカだけでなくイギリスの専門家も招待されていました。アメリカですら一国で対応できないのであれば、日本はより一層の対応が必要なことは当然ではないでしょうか。

こうしたワークショップが滞りなく進むのは、英米では英語が母語で、欧州でも英語が当たり前のように使われているという現実があります。そのため、欧州ではアメリカの議論を時間差ゼロでそのまま取り入れることができますし、逆もまた然りなのです。日本では、専門家は自分自身の限られた領域での英語の情報は入手している人が多いと思いますが、少し領域がずれたら、英語で直接情報を取得しようとする人は非常に少ないのではないでしょうか。もしそのような人が多いのであれば、そもそも私はこのような本を書いていないでしょうし、以前書いた２０１１年の本も不要でしょう。英語ではすでに気候工学に関する解説や報告書は多数あるのですから。

では、日本はどのように対処したらいいのでしょうか。まず日進月歩の科学的知見を遅れずに吸収してついていくためには、原文をそのまま読む必要性があるのでしょう。幸いなことに、現代社会では人工知能は素早い発展を遂げており、機械翻訳は非常に実用的になってきています。海外からの知見を取り込むには、戦略的にこうした機械翻訳を活用して情報を入手することが重要になるのではないでしょうか。また、気候工学のガバナンスなど、日本も積極的に関わらなければいけない項目については、これまた機械翻訳を活用するなどして、日本からの情報発信を強化する必要性があるのではないかと思います。[10]

個人的には、日本の貢献についてはもっと積極的にとらえたいと思っています。21世紀は知識経済が一層強まり、グローバル化も止まることはありません。大学入試改革で言われるように思考力や表現力がより一層求められ、なおかつ理系といえども英語で発信していくことが求められます。まさにこれが起きているのが気候変動分野や気候工学なのです。気候変動に関する国際的な動向を押さえ、自然科学や技術の研究開発を政策につなげる場合、理系の素養は当然ですし、英語のコミュニケーション力が求められます。しかも社会のルール形成にも関連します。まさに日本が21世紀で必要としている能力が全て必要とされるのです。

自分の経験の話になりますが、ベルリンで2014年に開催された気候工学の国際会議"Climate Engineering Conference 2014"は衝撃でした。私はアメリカの留学経験もあるので英語には不自由する方ではありませんし、理系の国際会議では普通に参加できるほうです。しかし、この会議は想像を超えていました。自然科学の非常に細かな議論から、政治学的なガバナンスの話や倫理の話まで話題が多岐にわたり、人文学者・社会科学者から自然科学者までが入り交り熱く議論していました。論争的なテーマですから、みな熱く持論を語り、議論のペースも速くなります。一番驚いたのは司会の切り回しのうまさです。もちろん英語がネイティブの人が担当しているのですが、自然科学を理解した上での立ち回りは絶妙でした。ここに入り込んでいくことの難しさと日本人としての重要性を感じた瞬間です。

気候変動をはじめとして、21世紀は科学・技術と社会が一層複雑に絡み合っていく時代で、この時代を生き抜くためには分野横断的な視点でグローバルに主張をしていくことは必須です。日本が気候変動分野で、また気候工学で一定の貢献ができるようになるということは、裾野（すその）としてこうした人材を増やすこととシンクロするのではないかと思っています。

最後にですが、国際的に見ても日本が気候工学に取り組む意味合いは大きいと思います。２０２０年に先鋭化したアメリカと中国の技術覇権の争いは一つの例ですが、中国の経済成長は今後も続くため、アメリカと中国の対立は更に強まる懸念があります。アメリカのジョー・バイデン大統領は気候変動を米中の協力領域として位置付けていますが、気候工学ではどうなるかは未知数です。軍事転用の可能性もあると目される気候工学が、両者の対立軸として浮上する可能性はゼロではありません。こうした中、価値的には東洋の一部でありながら安定的に民主主義を維持している日本は、両者のつなぎ役として重要な役割を果たすことができる可能性もあります。地理的・文化的に東西のはざまにある日本は、勘違いの状況を脱却し、キープレーヤーになるべきなのです。

1　農林水産省消費・安全局農産安全管理課（２０１９年10月）「遺伝子組換え農作物の管理について―生物多様性を確保する観点から―」
https://www.maff.go.jp/j/syouan/nouan/carta/zyoukyou/attach/pdf/index-35.pdf

2　国立環境研究所の朝山慎一郎氏が海外の研究者と共著で緊急事態宣言などを批判する論考を国際科学誌ネイチャー・クライメット・チェンジ誌に発表しています。
Asayama, S., Bellamy, R., Geden, O., Pearce, W. & Hulme, M. (2019) Why setting a climate deadline is dangerous. Nature Climate Change, 9, 570-572.

https://doi.org/10.1038/s41558-019-0543-4
ただ、これは例外であると考えられます。

3 科学技術振興機構（2015）World Wide Views on Climate and Energy 世界市民会議「気候変動とエネルギー」開催報告書
https://www.jst.go.jp/sis/scienceinsociety/investigation/items/wwv-result_20150709.pdf

4 UNIC Tokyo（2020）「『天気の子』新海誠監督に聞く～天気をモチーフにした大ヒット作品、気候変動から受けた衝撃とエンタメにできること～」『国連広報センター ブログ』
http://blog.unic.or.jp/entry/2020/01/31/135248（2020年11月26日アクセス）

5 Sugiyama, M. (2020) Japan's energy policy nine years after Fukushima, Eastasiaforum. Retrieved on November 30, 2020, from https://www.eastasiaforum.org/2020/03/11/japans-energy-policy-nine-years-after-fukushima/

6 資源エネルギー庁（2021年1月19日）「電力需給及び市場価格の動向について 第29回 総合資源エネルギー調査会 電力・ガス事業分科会 電力・ガス基本政策小委員会 資料4-1」
https://www.meti.go.jp/shingikai/enecho/denryoku_gas/denryoku_gas/pdf/029_04_01.pdf

7 村谷敬（2021年1月19日）「市場連動型の電気料金は想像を絶する金額に、いま新電力がやるべきこと」『日経ビジネス』
https://business.nikkei.com/atcl/gen/19/00237/011800007/

8 Climate Action Network (2019) Fossil of the Day 13 December 2019, Fossil of the Day. Retrieved on November 30, 2020, from http://www.climatenetwork.org/fossil-of-the-day
日本経済新聞社（2019）「石炭火力利用の日本に「化石賞」 COP25で環境団体」『日本経済新聞』
https://www.nikkei.com/article/DGXMZO52936820U9A201C1CR0000/（2020年11月30日アクセス）

日本経済新聞社（2019）「脱石炭示さぬ日本に再び「化石賞」　COP25で環境団体」『日本経済新聞』
https://www.nikkei.com/article/DGXMZO53249590S9A211C1CR0000/（2020年11月30日アクセス）

9 日本経済新聞社（2019）「政府、「環境後進国」払拭狙う」『日本経済新聞』
https://www.nikkei.com/article/DGKKZO53794410V21C19A2EA2000/（2020年11月30日アクセス）

10 ここでは英語ばかり強調しましたが、英語にこだわってはいません。国際的に重要な言語の情報を取得し、またその言語で発信していく必要性があるということです。

おわりに――人新世における気候工学

将来の知的生命体が21世紀を調べるとき

６６００万年前、この地球ではティラノサウルスやトリケラトプスといった恐竜と呼ばれる大型爬虫類(はちゅうるい)が闊歩(かっぽ)していました。現代の私たちが彼らの存在を知り、また巨大隕石(いんせき)が地球に衝突したタイミングで大絶滅が起こったことが分かるのは、古代の地層に化石や当時の様相を記録する岩石が残っているからです。

同じように、未来の知的生命体が西暦２０００年代のことを調べる時が来るかもしれません。それは我々と同じホモ・サピエンスの子孫かもしれませんし、宇宙から来る別の生命体かもしれません。恐竜が絶滅してから同じぐらいの時間が経過すると仮定すると、もはや残るものは化石や岩石など地質の情報しかありません。しかし、現代文明を手に入れた人間社会は、地質学的にも未来へ情報を残すでしょう。１９４５年から始まった核兵器の実験による同位体は、人間の力が世界を変化させ、地質を通じて未来にも痕跡(こんせき)を残すほどになってきています。人類は自らの力で完新世(かんしんせい)を終えて、人新世に入ったのです。

海外では気候変動問題も気候工学も人新世という文脈で語られます。望むとも望まなくとも、人類社会は地球環境を変化させてきています。人間の環境への影響は、時代の進展と技術の発展に伴って広がってきました。集落や都市から国家、地域、そして現在は地球環境全体になります。現代の環境問題に対応するには、複雑で大規模な地球システムを理解し、これを維持・回復するための対策が必要になります。残念ながら、こうした視点は日本では十分に共有されていないと思います。日本人が尊ぶ「もったいない」の精神では対応できないのです。

気候工学の３つのシナリオ

本書では放射改変を中心に気候工学のリスクや便益、社会的問題について多面的に解説してきました。最後にまとめとして、人が気候を操れるようになったらどうなるか、いくつかシナリオを考えてみましょう。

◆シナリオ１：平和裏の気候工学実施に続くアフリカでの大干ばつ

時は２０７０年。温室効果ガス排出削減策は進みましたが、一度大気に出てしまったCO_2を回収するのは難しいことが分かり、放射改変が使われることになりました。実施は国連安全保障理事会の常任理事国５か国の宇宙開発機関が、共同で行っています。中でも、政府機関の下請けをしている米中の2か国の航空機メーカーには、気候工学部門が10年以上前に設立され、巨額とまではいかないですが、着実に利益を生んでいます。人工的なナノ粒子の開発はデジタル技術で急速に進み、自動操縦の飛行機によって全世界の気候が最適に保たれています。ただ、毎年訪れる異常気象のたびに2大超大国の意見が取り入れられ、他の国は21世紀中頃とまではいかないですが、異常気象の影響を受け続けていることで、世界の不平等はむしろ拡大している気配もあります。昨年、大規模な干ばつがアフリカの複数の国で起きました。世界の複数の研究機関が、放射改変によって干ばつは抑えられたという研究結果を公表しましたが、寡占企業が人工ナノ粒子を成層圏に散布して利益を出していることを知っているアフリカの人々は納得がいきません。先日、アフリカ連合が、国際司法裁判所で補償を求める提訴をしました。

◆シナリオ2：気候危機に間に合わない気候工学

時は2030年。国連の持続開発目標は多くの項目で未達成に終わり、気候変動対策もなかなか進まず、気温上昇は1・5℃を超えてしまいます。アフリカや島しょ国などの危機感が高まり、先進国の研究資金と慈善団体の寄付金を組み合わせた、発展途上国主導型の研究開発プログラムが始まります。放射改変もローテクで古典的な硫酸エアロゾルを利用する方向で技術開発が進みます。技術開発と並行して、世界中で対話集会が行われ、成層圏エアロゾルの望ましい使い方が明らかになってきました。しかし、このような対話は研究技術開発を遅らせてしまいます。2080年、気温は3℃まで上昇してしまっています。アメリカのNASAと欧州連合のESAは合同で記者会見をし、西南極の氷床の大規模崩壊が始まったことを世界に公表しました。本来であればもっと早い時期から放射改変をして気温を下げ、こうした気候の危機を止めるために利用すべきでしたが、間に合わなかったのです。

◆シナリオ3：単独実施による地政学上の緊張

２０２８年の秋口。夏から例年以上に酷くなったアメリカ西部カリフォルニア州などでの山火事などの異常気象を受けて、アメリカの大統領選挙では気候変動が第一の選挙の争点になりました。民主党の候補者は共和党を退け圧勝し、アメリカは気候変動対策に猛進します。全米科学アカデミーは旧来型の対策では不十分であることを指摘し、大統領は温暖化対策の「タカ派」の科学者を科学顧問に任命したことで、アメリカの放射改変研究は急速に加速します。世界の警察官を超えて「地球の医者」を自負するアメリカ大統領は、５年間での放射改変実施を打ち出し、世界中を驚かせます。２０２９年の国連総会では、アメリカの一国主義的対応について他の安全保障常任理事会の国などから激しい批判に晒されますが、劇的な治療が必要と信じるアメリカ大統領や科学顧問は耳を貸しません。2期目の政権で実際に小規模の放射改変を始めたアメリカは、アメリカのみならず欧州、日本の研究機関もが地球の冷却効果を確かめたと報じます。納得しないのが中国とインドです。２０３４年、両国は大規模な風水害に遭い、両国の首脳は揃ってアメリカの介入が大規模災害の原因だと糾弾し始めました。日欧米のモデル研究によると、実は災害は緩和されていたというメッセージは、被害者を目の前にした中印の首脳にはかえって疑わしいエセ科学に見えたのです。

望ましい未来を選び取るには

今まで、気候工学の自然科学的側面や研究開発の現状、社会的・倫理的問題やガバナンスのあり方について個別に語ってきました。しかし、実社会ではこれらが全て絡み合いながら現実として展開されていきます。世界や各国の政治情勢と気候の危機、気候工学の研究の進展などが相互に連関しながら進んでいくのです。たった3つのシナリオですが、気候工学を望ましい形で（推進するにしろ禁止するにしろ）選び取っていくことがいかに難しいかが分かるかと思います。

歴史学者のユヴァル・ノア・ハラリ氏は、その名著『ホモ・デウス』において、21世紀に人間は「神」のような存在になると述べています。この神というのは全知全能の神という意味ではなく、科学技術の進展で以前では不可能と思われたような超能力的な力を備える人々が生まれるということです。デジタル技術や人工知能、バイオテクノロジーの進歩がこれを支えるのです。

この事態を指して、ギリシャ神話の神々のようだというのは実に適切なたとえです。というのも、ギリシャ神話に登場する神様は、実に人間的で愛憎劇を繰り広げます。現在の人類は力だけ増えて、社会全体のことを考える力が不足しているのかもしれません。気候工学が加わったとき、私たちはそれを望ましい形で利用することはできるのでしょうか。逆に抑制的に開発した場合も、必要な時に準備しておくことはできるのでしょうか。

本書を読んで、技術楽観主義者の方は「その通り、地球の健康をコントロールすべきだ」と思った人もいるかもしれません。一方で、気候変動に悩んでも、最後まで違和感を感じている人も多いかもしれません。感じ方は人それぞれだと思います。ただ大事なことは、気候工学をどのように研究するか、また実施を見越したガバナンスをどのように構築していくかという議論は、すでに世界で始まっているということです。日本もこの議論に加わるべきですし、そのためには日本でまず議論を活性化する必要性があります。

最後に、大学の教員らしいお小言に聞こえるかもしれませんが、旧来言われている気候変動対策の重要性を繰り返させてください。気候工学の検討は必須ですが、まずはCO_2のような温室効果ガスの排出量を減らす必要があります。強まる災害には堤防の強化や農業での対応などの適応が必須になります。こうした対応で不十分だから気候工学を考えなければいけないのです。しかし、それはこうした緩和策や適応策を忘れていいわけではありません。

筆をおこうとしていたときに、電気自動車のテスラ社と宇宙開発ベンチャー・スペースXの最高経営責任者であるイーロン・マスク氏が、CO_2除去に関して「Xプライズ」という財団を通して100万ドル（約100億円、1ドル＝100円）の賞金を出すという報道がありました。世界は気候工学に更に真剣になりつつあることを示す一つのエピソードです。

本書が気候の未来を考えるのに一つのヒントになれば、著者として非常に幸いです。

謝　辞

本書はＪＳＰＳ科研費JP19H00577の助成を受けた研究に基づいています。

本書の執筆にあたっては、国立環境研究所の朝山慎一郎博士に全般的なコメントを、気象庁気象研究所の今田由紀子博士にイベント・アトリビューションに関するコメントを頂きました。しかしながら、最終原稿の誤りは全て著者に帰属するものです。

原稿の執筆過程では石山雅子氏、小野理恵氏にお手伝い頂きました。長谷川じん氏にはテーマに沿った表紙をスタイリッシュにデザインしていただきました。校正をご担当いただいた方々には微に入り細を穿つコメントを頂きました。

最後に、編集をご担当いただいた中村洸太氏には執筆から校正まで実に多くのご助言を頂きました。この場で皆様に謝意を表します。

杉山昌広（すぎやま　まさひろ）
1978年、埼玉県生まれ。東京大学理学部地球惑星物理学科卒業。マサチューセッツ工科大学にて、Ph.D.（気候科学）・修士号（技術と政策）を取得後、東京大学サステイナビリティ学連携研究機構特任研究員、一般財団法人電力中央研究所社会経済研究所主任研究員等を経て、東京大学未来ビジョン研究センター准教授。専門は気候政策（モデルによるシナリオ分析）、ジオエンジニアリングのガバナンス（公衆関与）。著書に『気候工学入門——新たな温暖化対策ジオエンジニアリング』（日刊工業新聞社）がある。

気候（きこう）を操作（そうさ）する　温暖化対策（おんだんかたいさく）の危険（きけん）な「最終手段（さいしゅうしゅだん）」

2021年3月26日　初版発行

著者／杉山昌広（すぎやままさひろ）

発行者／青柳昌行

発行／株式会社KADOKAWA
〒102-8177　東京都千代田区富士見2-13-3
電話　0570-002-301(ナビダイヤル)

印刷所／旭印刷株式会社

製本所／本間製本株式会社

●お問い合わせ
https://www.kadokawa.co.jp/（「お問い合わせ」へお進みください）
※内容によっては、お答えできない場合があります。
※サポートは日本国内のみとさせていただきます。
※Japanese text only

定価はカバーに表示してあります。

ISBN 978-4-04-400611-2　C0044